KB019641

현대전의 핵심

미사일의 과학

머리말

현대는 '미사일 전쟁의 시대'이다. 물론 실제로 미사일이 전쟁의 승패를 결정짓는 것은 아니지만, 적어도 미사일이 현대전의 필수적인 요소가 된 것만은 사실이다.

군사는 정치의 중요한 일부이며, 군사 지식 없이는 국제 정치도 국가의 생존 전략도 논할 수 없다. 하지만 일본인에게는 이런 필수적인 지식이 결여되어 있다. 1980년대, 아직 냉전 시대일 때 일본 총리가 유럽의 정상과 회담을 하는 자리에서 'SS−20'이라는 말이 화제에 올랐다. 하지만 일본 총리는 'SS−20'이 뭔지 몰라 쩔쩔맸다고 한다. 'SS−20'은 소련의 중거리 탄도미사일(IRBM)이다.

이처럼 20세기 후반의 일본 정치가는 정치가라고 부를 만한 가치가 없는 사람들 투성이었다. 그런데 정치가가 그렇게 된 것은 그 사람들을 정치가로 뽑아준 국민들이 평화로움에 도취되어 분별력을 잃어버렸기 때문이다. 국민이 주권자라는 자각이 없기 때문이기도 하다.

민주주의 국가의 국민은 국가의 주권자다. 국민 개개인이 왕이자 대통령이다. 자신이 곧 국가며, 정치를 행하는 주체다. 그러나 현실적으로 국민 전원이 대통령이 된다면 일반 산업 분야에서 일할 사람이 없고 사회가 성립하지 않는다. 이러한 이유로 각자 분업해서 경제활동을 하고 있는 것이다. 국민 전원이 국회에 들어갈 수 없기 때문에 자신을 대신하여 누군가를 국회에 보내고, 자신을 대신하여 누군가를 총리로 만든다. 어디까지나 '자신을 대신할' 정치가를 뽑는 것이므로 주체는 '자기 자신'이다.

따라서 국민은 '이 나라를 어떻게 운영할 것인가?'라는 문제를 늘 생각해야 한다. 그리고 국가의 정치를 생각할 때 군사는 정치와 따로 떨어뜨려 생각할 수 없는 중요한 일부다. 군사 지식 없이는 총리든 대통령이든 맡을 수 없다. 다시 말하면 군사 지식 없이는 유권자로서도 실격이다. 국민에게 군사 지식이 필요한 이유다.

하지만 이런 말을 들으면 많은 사람들은 '갑자기 군사 지식을 배우라는 말인가?' 하며 난처해할 것이다. 그럼 어떤 책으로 공부를 시작하면 좋을까? 미리 말해두지만 여기서 말하는 군사 지식이란 세상에 흔한 '무기 마니아'의 얄팍한 지식이 아니다. 유권자가 국가의 주권자로서 새겨두어야 할 군사 지식은 무기의 메커니즘이나 카탈로그 스펙이 아니라, 자국의 전략적 수준까지 다루는 어느 정도 정치적인 지식이다. 흔히 '군사 마니아(オタク)'라고 불리는 많은 사람들은 국가의 주권자로서 필요한 전략 수준의 지식을 갖추지 못했다.

그렇더라도 현실의 군사 행동에서 무기가 결정적 역할을 한다는 것은 사실이다. 마니아들처럼 무기의 메커니즘을 상세히 알 필요는 없지만, 1980년대 일본의 모 총리가 'SS-20'이라는 말을 듣고 쩔쩔맨 것처럼, 'DF-21'이나 '탄두는 MIRV'라는 말을 듣고 난처한 표정을 지으면 곤란하다. 하드웨어의 지식도 어느 정도 있어야 국가 방위에 관해 이야기할 때 엉뚱한 말을 하지 않게 된다. 이러한 이유로 필자는 모든 국민에게 국가의 주권자로서 필요한 군사 지식을 설명하는 흥미로운 군사 도서들을 쓰기로 결심했다. 이 책 『미사일의 과학』도 그중 한 권이다.

이 책을 읽고 '자, 시험을 보겠습니다. 75점 이상 받지 못하면 선거권이 박탈됩니다.'라고 말할 의도는 없다. 그렇게까지 공부하지 않아도 되니, 한

번 쓱 읽어보고 머릿속 한 구석에 저장해놓았다가 필요에 따라 '그러고 보니 그 책에 쓰여 있던 내용이네' 하며 이 책을 다시 펼쳐보는 정도면 만족한다.

이 책은 미사일의 기초 지식에 관해 설명하는데, 꼭 미사일뿐 아니라 자유 로켓, 유도폭탄, 유도포탄 등 미사일의 '친척'에 해당하는 것에 관해서도 언급한다.

미사일(missile)이라는 영어는 '투사물'을 뜻하는 라틴어에서 유래했다. 즉 원래 화살, 돌팔매, 총포탄 등 유도장치가 없는 물체도 일단 적을 향해 날아가기만 하면 모두 미사일이었다. 유도장치가 달린 것은 특별히 'Guided Missile(GM)'이라고 부르기도 했다. 그러나 현재는 투사물 전반을 의미하는 영어 단어는 'projectile'이고, 미사일은 추진력을 지닌 유도탄을 가리키는 용어가 되었다.

하지만 러시아의 FROG(Free Rocket Over Ground) 미사일처럼 유도탄이 아니라 자유 로켓인 경우에도 미사일이라고 불리는 예외도 있다. 또한 포탄이나 항공기에서 투하되는 폭탄에 유도장치가 달린 것도 있다. 이는 추진력이 없으므로 좁은 의미에서 미사일은 아니지만, 전술적 용법으로서는 미사일과 마찬가지다. 그러므로 미사일 관련 군사 지식으로서 이러한 부분도 아울러 폭넓게 설명하고자 한다.

2016년 3월

가노 요시노리

차례

제 1 장

미사일의 분류
The Missiles

무기 견본 시장에 참가한 러시아 미사일 회사(JSC Tactical Missile Corporation)의 부스.

전술 미사일과 전략 미사일
– 냉전 시대에 미국과 소련이 분류

전술 미사일은 부대끼리 싸우는 전투지역에서 적을 살상 · 파괴하기 위한 미사일이다. 미사일의 대부분은 이 전술 미사일에 속하며, 대전차 미사일, 대공 미사일, 대함 미사일 등으로 분류된다.

전략 미사일은 전투지를 뛰어넘어 적국의 도시나 공장 등 중요 시설을 노리는 미사일이다. 당연히 사정거리는 전술 미사일보다 현격히 길다. 냉전 시대에 미국과 소련이 정한 기준으로는 사정거리 5,500 km 이상의 탄도미사일을 전략 미사일로 분류한다. 하지만 항공기에서 발사되는 미사일은 그 자체의 사정거리는 짧아도 항공기가 표적 가까이까지 도달하여 발사할 수 있기 때문에 사정거리 600 km 이상을 전략 미사일로 분류한다. 다만 이는 미국과 소련 사이에서 '서로의 도시나 중요 시설을 타격하려면 어느 정도의 사정거리가 필요한지'에 따라 분류한 것이다.

가령 북한과 한국의 경우에는 평양과 서울 사이의 거리가 약 200 km에 불과하기 때문에 사정거리 200 km의 미사일로도 충분히 공격할 수 있다. 인도의 델리와 파키스탄의 이슬라마바드 사이의 거리는 약 700 km다. 이처럼 국토가 작은 나라에서는 사정거리 수백 km의 미사일도 충분히 전략 미사일이 될 수 있다. 그러므로 냉전 시대에 미국과 소련이 정한 사정거리에 의한 분류는 그 외의 국가에서는 그다지 의미가 없다.

전략 미사일의 정의에는 꼭 핵탄두를 탑재해야 한다는 조건은 없지만, 핵탄두가 없는 미사일의 파괴력은 적국에 전략적인 타격을 주기에 너무 약하다. 따라서 전략 미사일은 핵탄두를 탑재할 수 있어야 하는 것이 상식이다.

그림 **여러 가지 전술 미사일**

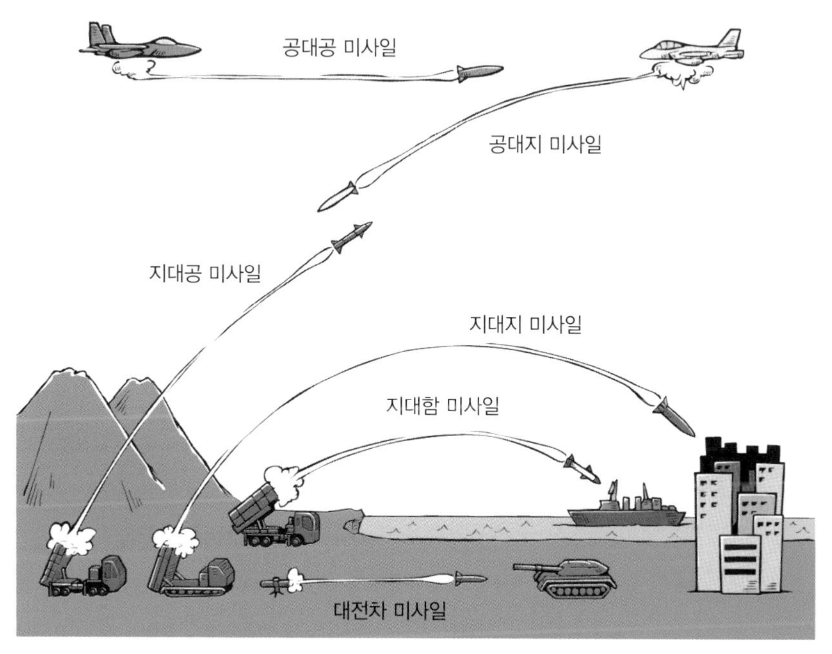

전투지역에서 군부대끼리 싸울 때 이용하는 미사일이 전술 미사일이다.

전투지역을 뛰어넘어 적국의 중추나 도시 등을 노리는 미사일이 전략 미사일이다. 사진은 중국의 DF-2.

탄도미사일
– 적국의 중심부를 노리는 거대한 파괴력

탄도미사일(ballistic missile)은 포탄처럼 포물선 탄도를 그리며 날아가는 미사일이다. 대포에서 발사되는 것이 아니라, 로켓으로 발사한다는 점에서 다르다.

미사일은 곧 유도탄이기 때문에 당연히 유도장치를 갖추고 있다. 그런데 흔히 생각하듯이 발사 기지에서 유도 전파를 쏘아 유도하는 것은 아니다. 미사일 내부의 장치로 계획된 코스대로 날아가고 있는지 스스로 점검하면서 미세 조정한다.

사정거리 6,000 km 이상의 미사일은 대륙간 탄도미사일(ICBM, Inter-continental Ballistic Missile), 사정거리 2,000~6,000 km의 미사일은 중거리 탄도미사일(IRBM, Intermediate-Range Ballistic Missile), 사정거리 800~2,000 km의 미사일은 준중거리 탄도미사일(MRBM, Medium-Range Ballistic Missile), 사정거리 800 km 이하의 미사일은 단거리 탄도미사일(SRBM, Short-Range Ballistic Missile)로 구분한다. 하지만 이러한 사정거리에 의한 구분은 세계 공통의 명확한 기준은 없다.

미국과 러시아의 전략 무기 제한 협정에서는 사정거리 5,500 km 이상의 미사일을 ICBM으로 분류한다. 중국에서는 사정거리 5,500 km 이상의 미사일을 ICBM, 사정거리 3,000~5,500 km의 미사일을 IRBM, 사정거리 1,000~3,000 km의 미사일을 MRBM, 사정거리 1,000 km 이하의 미사일을 SRBM으로 분류한다. 프랑스에서는 사정거리 2,400~6,000 km의 미사일을 IRBM으로 분류한다. 이처럼 국가에 따라 또는 자료에 따라 기준이 약간씩 다르다.

중국의 준중거리 탄도미사일 DF-2는 구식화되어 퇴역했다.

잠수함 발사 탄도미사일
– 핵 억제력의 주역

지상에 있는 미사일 기지는 적의 선공(first strike)으로 파괴될 우려가 있기 때문에 운반 · 발사 차량이나 철도 차량에 미사일을 실어서 운용하기도 한다. 잠수함은 적이 발견하기도 어렵고 이동의 자유도도 높아 가장 좋은 운용방법이다. 잠수함에서 발사하는 탄도미사일을 잠수함 발사 탄도미사일(SLBM, Submarine Launched Ballistic Missile)이라고 한다.

아무리 압도적인 핵전력으로 적국을 괴멸할 수 있는 타격력을 갖추고 있다고 하더라도 '세계의 어느 바다에서든 적 잠수함에서 보복 핵미사일이 날아들 수 있는 상황'이라면 선제공격은 엄두조차 낼 수 없을 것이다.

'공격하면 반드시 반격받는다'라는 인식을 상대방에게 심어주고 공격을 단념하게 만드는 것을 억제(deterrence)라고 하며, 전략 잠수함은 가장 효과적인 억제수단이 될 수 있다.

지상 발사식 탄도미사일, 핵 공격이 가능한 폭격기, 탄도미사일 탑재 잠수함 등 세 가지를 핵의 3대 기둥(nuclear triad system)이라고 하며, 이 세 가지는 서로의 제한사항을 보완하면서 억제력을 확실하게 보증한다.

그러나 이 세 가지를 모두 보유한 국가는 미국과 러시아뿐이다. 중국도 핵 운반 폭격기가 있지만 매우 구식이어서 사실상 없는 것과 마찬가지인 상태이다.

영국과 프랑스도 지상 발사식 탄도미사일과 핵 무장 폭격기의 운용을 선택할 때 '탄도미사일 탑재 잠수함의 억제력이 가장 강하다'는 결론을 내리고 탄도미사일 탑재 잠수함만을 유지하고 있다.

미국 해군의 전략 원자력 잠수함(strategic nuclear submarine) '헨리 M. 잭슨'. 워싱턴 주 킷샙 해군기지의 8척 중 한 척이다. 사진 제공: 미국 해군

중국의 하형(夏型) 전략 원자력 잠수함에서 운용하는 JL-1 SLBM.

순항 미사일
– 무인 특공기라고 할 수 있다

순항 미사일(CM, Cruise Missile)은 비행기처럼 날개를 활용해서 거의 수평비행을 하면서 표적을 향해 날아가는 미사일이다. 제트 엔진을 사용하는 무인 특공기라고 할 수 있다.

'프로펠러 순항 미사일'이라는 것은 존재하지 않지만, 이론상으로는 가능하다. 사정거리가 짧아도 상관없다면 로켓 엔진 순항 미사일도 가능하다.

대함 미사일이나 대전차 미사일 가운데에도 날개가 있고 제트(혹은 로켓) 엔진으로 표적을 향해 수평비행하는 미사일은 흔히 있다. 구조적으로는 이런 미사일도 순항 미사일이라고 할 수 있지만, 일반적으로 순항 미사일로는 취급되지 않는다.

순항 미사일은 지상 표적 등의 고정된 원거리(수백 km 이상) 표적을 공격하는 미사일이라고 보면 된다. 지상에서 트럭 등에 탑재하여 지상에서 발사하는 **GLCM**(Ground Launched Cruise Missile), 잠수함에서 발사하는 **SLCM**(Submarine Launched Cruise Missile), 항공기에서 발사하는 **ALCM**(Air Launched Cruise Missile) 등이 있다.

잠수함의 어뢰 발사관에서 발사하는 순항 미사일은 어뢰형 캡슐에 들어 있는 상태로 압축공기로 사출한다. 수면으로 나오면 부스터라는 소형로켓에 의해 공중으로 날아오르고, 그 후 비행기처럼 날개를 펴고 제트 엔진으로 수평비행을 하면서 표적을 향한다. (역자 주: 순항 미사일은 초저고도를 고아음속으로 장거리 비행함으로써 적의 레이다나 전투기에 쉽게 포함되지 않고 정확하게 공격할 수 있는 장점이 있는 대단히 유용한 무기이다.)

그림 **순항 미사일이 날아가는 모습**

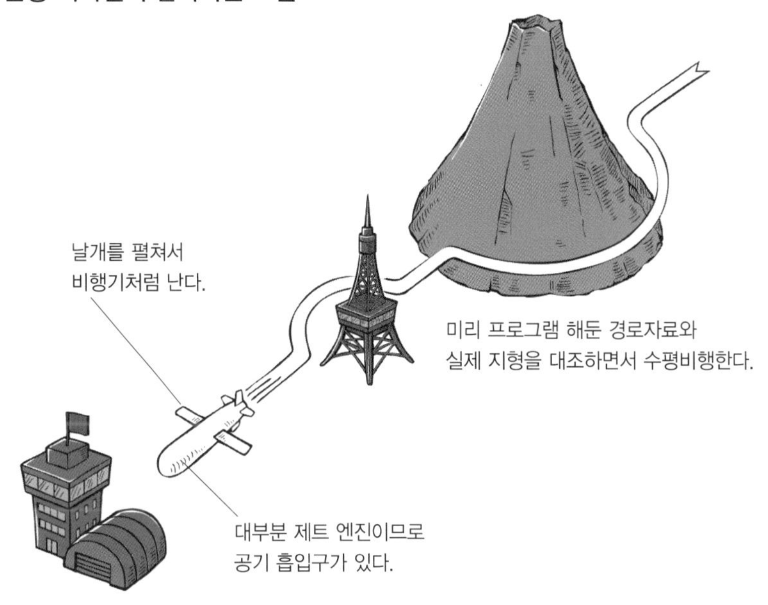

현대의 순항 미사일은 미리 프로그램 해둔 경로자료와 실제 지형을 대조하면서 초저공비행을 한다.

중국 베이징의 군사 퍼레이드에 등장한 차량 탑재식 순항 미사일 장검(長劍) 10.

공대공 미사일

– 항공기에서 발사해서 항공기를 맞힌다

공대공 미사일(AAM, Air-to-Air Missile)은 공중에서 발사해서 공중의 표적을 격파하는 미사일이다. 사정거리에 따라 네 가지로 분류한다.

● 단거리 AAM

사정거리는 10 km 미만이고 중량은 100 kg 전후다. 미국의 사이드와인더, 러시아의 AA-2, 일본의 90식 공대공 유도탄 등이 있다. 적외선 추적장치를 많이 사용한다.

● 단거리 · 경량 AAM

사정거리는 단거리 AAM과 비슷하지만 무게가 수십 kg 정도의 소형이다. 보병이 어깨에 짊어지고 쏘는 소형 대공 미사일을 항공기에서 운용하도록 개조한 것이다. 헬리콥터용 AAM으로 활용한다. 예를 들면 스팅어, 91식 지대공 유도탄 등이다. 너무 소형이라서 본격적인 AAM으로서는 위력이 부족한 감이 있다. 적외선 추적장치를 활용한다.

● 중거리 AAM

사정거리 10~100 km, 무게 200~300 kg 정도다. 미국의 AIM-7 스패로와 AIM-120 AMRAAM, 러시아의 AA-3과 AA-11, 일본의 AAM-4 등이 있다. 반능동 레이다 추적장치를 많이 사용한다.

● 장거리 AAM

사정거리 100 km 이상, 무게 400~600 kg 정도다. 미국의 AIM-54 피닉스, 러시아의 R-37 등이 있다. 장거리 AAM은 종류도 적은 데다가 운용할 수 있는 전투기가 한정적이다. 사정거리가 길면 미사일이 크고 무거워지기 때문에 대부분의 전투기는 단거리 AAM과 중거리 AAM을 장착한다. 레이다 유도장치를 활용한다.

일본 항공자위대의 F-15J 전투기에서 운용하는 단거리 AAM 90식(위)과 중거리 AAM AIM-7 스패로(아래).

특이한 모양의 꼬리날개가 특징인 러시아의 중거리 AAM R-77(AA-12).

공대지 미사일
– 항공기에서 발사하여 지상 표적을 맞힌다

공대지 미사일(ASM, Air-to-Surface Missile)은 항공기에서 발사해서 지상의 표적을 공격하는 미사일이다. 항공기에서 해상의 함선으로 발사하는 공대함 미사일도 'surface(해면)'을 노리기 때문에 ASM에 속하지만, 이 책에서는 별도의 항목으로 다룬다.

공대지 미사일에는 **전략 ASM**과 **전술 ASM**이 있다. 하지만 이런 구분은 10쪽에서 설명했듯이 미국, 러시아, 중국 외에는 의미가 없다. 냉전 시대에는 몇 종류의 전략 ASM이 만들어졌지만, 모두 로켓 추진이나 터보제트 추진이었기 때문에 사정거리를 늘릴수록 크기가 커지게 되었다. B-52 같은 대형 폭격기에도 1~2발밖에 탑재할 수 없었으므로, 지금은 터보팬 엔진의 순항 미사일만을 전략 ASM으로 운용하고 있다.

ASM의 대부분은 전술 ASM, 즉 전투지역에서 적의 부대를 공격하기 위한 미사일이다. 전술 ASM은 사정거리에 따라 다음과 같이 구분한다.

- 단거리 ASM: 사정거리 10 km 미만
- 중거리 ASM: 사정거리 10~100 km
- 장거리 ASM: 사정거리 100 km 이상

단거리 ASM은 전투기나 대지 공격기에서 사용하기에는 사정거리가 너무 짧기 때문에 주로 헬리콥터에서 운용한다.

특수한 ASM으로는 대레이다 미사일(ARM, Anti-Radiation Missile)이 있다. 전파가 오는 방향을 향해 날아가 적의 대공 미사일 기지나 레이다 기지를 파괴하는 미사일이다.

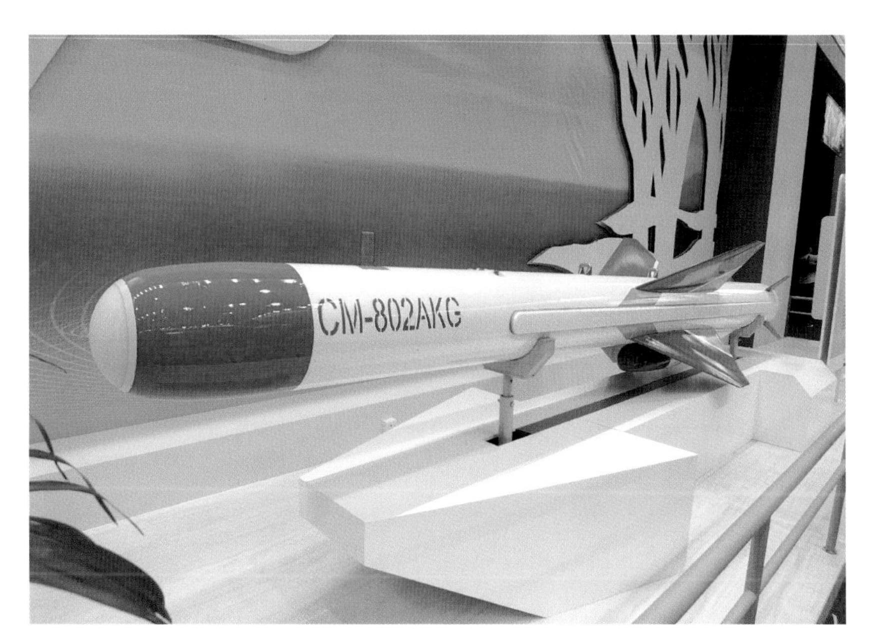

중국의 CM-802 중사정 공대지(대함 겸용) 미사일.

미군의 대레이다 미사일 AGM-88 HARM(High-speed Anti-Radiation Missile).

지대공 미사일
– 지상에서 공중의 항공기를 격파한다

지상에서 항공기를 쏘는 미사일을 지대공 미사일(SAM, Surface-to-Air Missile)이라고 한다. 단순히 '대공 미사일', '방공 미사일'이라고도 부른다. 지대공 미사일도 사정거리에 따라 다음과 같이 구분할 수 있다.

- 근거리 SAM: 사정거리 5 km 전후
- 단거리 SAM: 사정거리 10 km 전후
- 중 · 고고도 SAM: 사정거리 30 km 이상

하지만 이런 구분 기준은 엄밀하지 않다. 근거리 SAM과 단거리 SAM은 '거리'라는 말이 붙고, 중 · 고고도 SAM은 '고도'라는 말이 붙어서 일관성이 없어 보이지만, 그런 명칭이 통용된다. 탄도미사일 혹은 인공위성을 쏘아 떨어뜨리는 미사일은 또 다른 방법으로 구분한다.

근거리 SAM 중에는 개인화기처럼 병사가 혼자 들고 다니며 발사하는 휴대용 SAM도 있고, 소형 트럭에 싣는 SAM도 있다.

일본 자위대의 대공 미사일에서는 91식 휴대용 지대공 유도탄, 그리고 그것을 차량에 4발 장착한 93식 근거리 지대공 유도탄 등이 근거리 SAM이다. 81식 유도탄은 단거리 SAM에 속한다. 03식 유도탄은 중 · 고고도 SAM 가운데 중고도 SAM에 해당하고, 패트리엇은 고고도 SAM에 해당한다.

다음 페이지의 아래 사진은 냉전 시대 소련의 중고도 지대공 미사일 SA-2다. 이는 미국의 U-2 정찰기를 격추한 미사일이다.

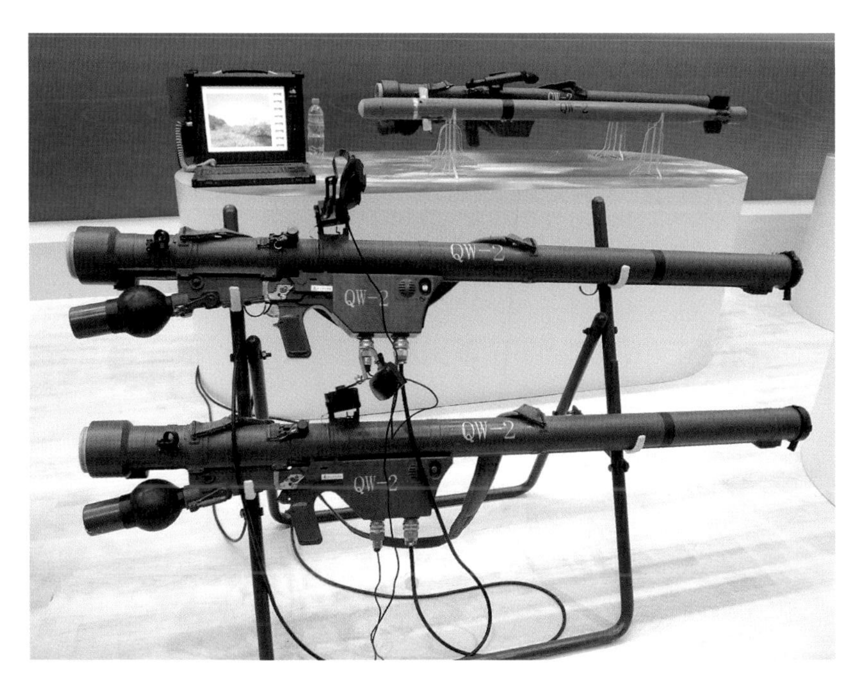

병사가 개인화기처럼 어깨에 짊어지고 쏠 수 있는 휴대용 SAM. 사진은 중국군의 QW-2.

소련의 SA-2. 베트남 전쟁에서 활약했다.

지대지 미사일
– 러시아의 FROG-7은 미사일인가?

지상(또는 해상)에서 지상(또는 해상)의 표적을 향해 발사하는 미사일이 지대지 미사일(SSM, Surface-to-Surface Missile)이다. '미사일 전쟁의 시대'라고 하는 오늘날에도 지상 부대끼리는 주로 대포로 전투한다. 그러나 대포는 아무리 개량해도 사정거리 수십 km가 한계다.

따라서 더 먼 곳의 표적을 공격하려면 지대지 미사일을 사용해야 한다. 그러나 사정거리가 100 km 이상 되는 대형 지대지 미사일은 가격이 비싸다. 게다가 흩어져서 행동하는 육군 부대의 특성상 아무리 커다란 미사일을 쏘더라도 한꺼번에 큰 피해를 입힐 수 없다. 이처럼 전술용 미사일은 비용 대비 효과가 나쁘므로 대형 미사일을 사용하지 않는다. 핵탄두를 탑재하면 효과가 크겠지만 핵무기를 그렇게 마구 사용할 수는 없는 노릇이다. 이러한 이유로 1발의 미사일 안에 수많은 소형 폭탄(자탄)을 넣고 적의 머리 위에서 흩뿌리는 클러스터탄을 사용하기도 한다.

육군에서 사용하는 큰 로켓탄은 언뜻 모두 지대지 미사일로 보이지만, 유도장치가 없는 것(FROG, Free Rocket Over Ground)도 있다. 그런 예로는 러시아나 북한이 운용하고 있는 FROG-7, 예전에 미국이 운용했던 어니스트 존, 그리고 일본 자위대가 운용했던 R30(68식 30형 로켓 고폭탄) 등을 들 수 있다. 이는 겉보기에는 미사일처럼 보이지만 사실은 미사일이라고 할 수 없다. 그런데도 흔히 'FROG 미사일' 등으로 불린다.

한편, 다음 페이지 아래 사진의 MLRS(Multiple Launch Rocket System)에서 발사되는 로켓탄 중에서 GPS 유도장치가 있는 것은 일반적으로 미사일이라고 부르지는 않지만, 원칙적으로는 미사일이다. (역자 주: 소련식의 교리를 운용하는 나라는 자유로켓이나 유도로켓 등을 일괄하여 '로케트'라고 부른다.)

유도장치가 없는데도 '지대지 미사일'이라고 부르는 러시아의 FROG-7. 사정거리는 70 km.

일본 육상자위대의 다연장로켓(MLRS)에서 발사되는 로켓탄 중에는 GPS 유도장치가 달린 형태도 있는데, 이는 지대지 미사일이라고 할 수 있다.

함대함 미사일

– 사정거리가 100 km 이상인 함대함 미사일도 있다

해상의 함정에서 해상의 표적을 향해 발사하는 미사일을 함대함 미사일(SSM, Ship-to-Ship Missile)이라고 한다. 영문 약자 SSM은 지대지 미사일과 동일하다. 예전에는 군함끼리 전투를 벌일 때의 주요 무기는 대포였지만, 지금은 미사일이 그 자리를 대체했다. 대포는 지금도 미사일을 쏘아 떨어뜨릴 때, 지상 표적을 포격할 때, 혹은 미사일을 다 사용했을 때의 마지막 수단으로써 군함의 주요무장으로 당당한 위치를 고수하고 있다.

지구가 둥글기 때문에 수평선보다 먼 곳의 표적은 보이지 않는다. 또한 전파는 직진하므로 수평선보다 먼 곳의 표적은 레이다로도 감지할 수 없다. 먼 곳의 표적을 보려면 시선을 높이는 방법밖에 없다. 하지만 아무리 높은 마스트 위에 레이다를 설치하더라도 사정거리는 몇십 km가 한계다. 100 km 이상의 사정거리를 지니는 대함 미사일은 정찰기나 드론 등으로 표적을 획득하거나 타격할 수 있는 정보를 바탕으로 운용한다.

잠수함을 노리는 미사일 가운데, 수상함에서 잠수함을 공격하는 미사일은 **SUM**(Ship-to-Underwater Missile)이라고 하고, 잠수함에서 잠수함을 공격하는 미사일은 **UUM**(Underwater-to-Underwater Missile)이라고 한다.

물속에서는 수중 미사일이라고 할 수 있는 어뢰를 운용한다. 어뢰는 사정거리가 짧고 속도가 느리므로 먼 곳의 표적을 향해 발사하면 명중할 때까지 매우 긴 시간이 걸린다. 그러므로 대잠수함 미사일은 로켓의 머리 부분에 어뢰를 부착하고 적 잠수함 근처에 어뢰를 떨어뜨리는 방법을 사용한다. [역자 주: 이것을 대잠로켓(ASROC, Anti-Submarine Rocket)이라고 한다.]

중국의 함대함 미사일 C705.

일본 해상자위대의 90식 함대함 유도탄.

지대함 미사일
– 공대함 미사일을 개조한 것도 있다

육지에서 해상의 함정을 향해 발사하는 미사일을 지대함 미사일이라고 한다. 영문 약자는 SSM(Surface-to-Ship Missile)으로, 지대지 미사일이나 함대함 미사일과 동일하다. 지대함 미사일의 크기는 종류별로 다양하다.

공격 헬리콥터인 AH-64 아파치에 탑재하는 중량 46 kg, 사정거리 8 km의 헬파이어를 지상 발사방식으로 개조하여 해안 방어 부대의 주요 무장으로 사용하는 경우도 있다. 대형 지대함 미사일로는 중량 3톤, 사정거리 300 km, 비행속도 마하 2.5인 러시아의 K-300P 바스티온을 들 수 있다.

지대함 미사일로 가장 유명한 것은 실크웜으로 알려진 중국제 HY-1 미사일(및 그 발전형)이며 러시아의 SS-N-2 미사일을 복제한 것이다. 북한에서도 사용하며 중동 방면으로도 수출한다. 중량이 3톤에 가깝고 날개도 크므로 마치 거대한 무선조종항공기가 날아가는 것처럼 보인다. 비행기가 매우 크고 비행속도가 빠르지 않기 때문에, 쉽게 포착할 수 있으며 어렵지 않게 격추할 수 있지만, 탄두 중량이 500 kg이나 되어 명중하면 큰 피해를 입힐 수 있어 무시할 수 없는 무기이다.

지대함, 함대함, 공대함 미사일은 기본적으로 같은 미사일을 용도에 따라 부분적으로 개조한 경우가 많다. 예를 들어, K-300P 바스티온은 공대함형이 되면 Kh-61로, 함대함형이 되면 P-800으로 부른다. 일본 자위대의 대함 미사일도 이와 마찬가지다. 80식 공대함 유도탄이 가장 먼저 개발되었고, 그것을 개조해서 88식 지대함 유도탄을 만들었으며, 그것을 함정에 운용할 때에는 90식 함대함 유도탄이 된다.

중국제 지대함 미사일, HY-1 실크웜.

일본 육상자위대의 88식 지대함 유도탄.

공대함 미사일
– 하늘에서 발사하면 사정거리도 늘어난다

항공기에서 수상 함정을 향해 발사하는 미사일을 공대함 미사일(ASM, Air-to-Ship Missile)이라고 한다. 지구가 둥글기 때문에 수평선 너머의 표적은 보이지 않는다. 그러나 공중에서는 먼 곳의 표적을 볼 수 있다. 고도 1만 m에서는 시정(視程)이 400 km에 가깝다.

육안으로는 보이지 않는 거리도 전파는 충분히 닿는다. 보통 전투기의 레이다는 100 km 전후에 있는 함정까지 탐지할 수 있지만, 함대함 미사일이나 지대함 미사일에 비하면 훨씬 먼 곳의 표적을 발견할 수 있는 셈이다.

미사일 본체의 추진력은 함대함 미사일이나 지대함 미사일이 다르지 않지만, 그것을 운용하는 항공기의 속도와 고도가 더해져서 미사일의 에너지 총량(운동 E + 잠재 E)이 증가하여 사정거리가 길어지므로, 해상 함정에 대한 공격은 무조건 공대함 미사일로 하는 것이 유리하다.

공대함 미사일의 크기 또한 다양하다. 일본 해상자위대는 원래 대전차 미사일이었던 헬파이어를 헬리콥터용 공대함 미사일로 운용한다.

미국에서 개발하여 한국과 일본 등 여러 나라에서 사용하는 하푼(Harpoon) 대함 미사일의 공대함 버전은 전체 길이 3.84 m, 중량 522 kg, 탄두 중량 222 kg이다. 러시아의 Kh-41은 전체 길이 9.7 m, 중량 4.5톤, 탄두 중량 320 kg, 사정거리 250 km인데 Su-27 같은 대형 전투기도 1발밖에 운용하지 못한다.

지대함이든, 공대함이든, 함대함이든, 모든 대함 미사일은 높이 날아가다가도, 적 함정 가까이 다가가면 해면 위 몇 m 위로 초저공비행으로 비행하여 표적의 홀수부분으로 돌입하는 비행경로(프로파일)를 택한다.

중국의 소형 공대함 미사일 C-701. 전체 길이 2.5 m, 중량 117 kg. 사정거리는 25 km다.

공대함 미사일 AGM-84 하푼을 P-3 오리온(Orion)에 장착하고 있다. 사진 제공: 미국 해군

함대공 미사일
– 함정에서 비행기를 쏜다

함대공 미사일의 영문 약자는 SAM(Ship–to–Air Missile)이다. 실제로 '지대공 미사일을 개조해서 함정에서 운용하는' 경우가 많다. 하지만 시 스패로(sea sparrow)처럼 전용 함대공 미사일로 만드는 경우도 있다.

함대공 미사일의 초기형상은 러시아의 SA–N–3(M–11)처럼 미사일의 모습이 온전히 드러난 채 발사기에 실려 있는 경우가 많았지만, 요즘은 밀봉하여 발사통에 넣어서 장착하는 형태가 많다. 그렇게 함으로써 미사일의 수명과 성능을 보존할 수 있게 되었다.

근래에는 갑판 아래에 수직으로 묻혀 있는 수직 발사 시스템(VLS, Vertical Launching System)을 널리 사용한다. 이처럼 미사일 자체의 모습을 눈으로 볼 기회가 사라진 것이 아쉽기도 하다.

함대공 미사일은 함대 방공 미사일과 개별함 방공 미사일로 구분한다. 미국의 경우, 이지스함의 스탠더드 SM–2는 사정거리가 약 120 km인데, 복수의 함선에 탑재하여 넓은 영역의 방공을 담당한다. 개별함 방공용으로는 사정거리 약 50 km의 시 스패로를 사용한다.

러시아의 경우는, 함대 방공용 SA–N–6의 사정거리는 약 90 km, 개별함 방공용 SA–N–9의 경우는 사정거리가 약 24 km다.

또한 최근에는 날아오는 대함 미사일을 격파하기 위해 소형의 근접 방공 미사일을 운용하기 시작했다. 일본 해상자위대에서는 호위함 '이즈모'부터 장비되기 시작했다.

러시아 항공모함 '키예프'의 함대공 미사일 SA-N-3.

중국의 근접 방공 미사일 FN-3000.

대전차 미사일
– 보병이 전차를 격파할 수 있다

전차를 격파하기 위한 미사일이 대전차 미사일(ATM, Anti-Tank Missile)이다. 제2차 세계대전 이전의 전차는 갑판이 얇아서 구경 12.7 mm나 14.5 mm 대전차 소총으로도 전차를 상대할 수 있었지만, 전차의 갑판이 두꺼워지고 기민성이 증가하면서부터는 구경 37 mm나 57 mm의 대전차포로도 격파할 수 없게 되었다. 대전차포는 크기도 커지고 무게도 크게 늘어나, 더 이상 보병 부대와 함께 민첩하게 이동할 수 없게 되었다. 그러한 이유로 휴대하기 좋은 간단한 발사통에서 발사할 수 있으면서도 파괴력이 큰 대전차 로켓을 개발하게 되었다. 바주카포라고 부르던 로켓발사관이나 RPG 등이 대표적인 예이다.

그러나 로켓탄은 총포에 비해 명중정밀도가 매우 나빴다. 그래서 유도장치를 부착하여 명중정밀도를 높였다. 미사일은 포탄이나 로켓에 비해 가격이 수백 배나 비싸지만, 전차 역시 고가의 무기이므로 비용 대비 효과는 나쁘지 않다. 때로는 전장에서는 필요에 따라 대전차 미사일보다 가격이 싼 지프나 트럭을 대전차 미사일로 격파하기도 한다(문명국에서는 병사 한 명의 생명이 대전차 미사일보다 값지지만…).

대전차 미사일은 병사 한 명이 짊어지고 쏠 수 있는 소형에서부터, 트럭이나 헬리콥터로 운반해야 하는 대형까지 있다. 대형 대전차 미사일은 상륙용 주정이나 소형 함정까지 공격할 수 있도록 만들기도 한다.

일본 자위대의 01식 경대전차유도탄. 보병이 어깨에 짊어지고 쏜다.

지금은 구식화되었지만, 1973년의 제4차 중동 전쟁에서 이스라엘군 전차 부대에 큰 타격을 준 소련제 AT-3 새거(Sagger).

탄도미사일 요격 미사일

– 탄도미사일 방어체계의 시발

ICBM이나 MRBM 등 탄도미사일을 쏘아 떨어뜨리는 미사일을 탄도미사일 요격 미사일(ABM, Anti-Ballistic Missile)이라고 한다. 20세기에는 탄도미사일을 쏘아 떨어뜨릴 수 있는 정밀도 높은 대공 미사일은 없었다. 하지만 '핵탄두를 사용하면 직격하지 않아도 적 미사일을 파괴할 수 있다'고 생각해서 탄도미사일과 비슷한(위성을 쏘아 올리는 로켓과 비슷한) 크기의 요격용 미사일을 만든 적이 있다.

냉전 시절 소련은 모스크바를 방어하기 위해 A350(미군은 이를 갈로시라는 NATO 코드로 불렀다)을 배치했고, 후에 가젤이나 고르곤 등으로 갱신했다. 미국도 나이키제우스, 스파르탄, 스프린트 등 핵탄두를 운용하는 요격 미사일을 몇 종류 개발했다. (역자 주: Safe Guard System) 그러나 이런 미사일을 배치하면 상대국은 그보다 더 많은 미사일을 배치했고, 이는 또한 미사일 요격 미사일을 증강하게 되어 군비확장경쟁을 초래하게 되었다. 1972년에 미국과 소련이 **ABM 제한 협정**(ABM Treaty)을 체결하고, '수도 또는 군사기지를 방어하기 위해 100발 이하의 미사일만 배치하도록' 제한하였다.

그런데 소련이 붕괴하면서 탄도미사일을 보유하고자 하는 나라가 늘어났다. 미국은 '미국과 러시아만 ABM 제한 조약은 무의미하다'고 생각해서 2002년에 이 조약을 파기하고, 핵탄두가 아닌 ABM을 개발 · 배치하고자 했다. 이것이 탄도미사일 방어체계(MD, Missile Defense)의 시발이다. 이는 사정거리가 긴 THAAD 미사일, 사정거리가 짧은 PAC-3, 이지스함에 탑재하는 SM-3 등이다. (역자 주: ABM → SDI → GPALS → TMD → NMD → MD로 변천했고 THAAD는 MD 계획 중 실현가능한 것부터 배치하려고 하는 긴급한 요구에 의해 급하게 배치하고 있는 모양새이다.)

일본 자위대가 장비하는 탄도미사일 요격 미사일 PAC-3.

러시아의 S-300 미사일도 탄도미사일 요격 능력이 있는 듯하다.

대위성 미사일
– 우주를 지배하는 자가 전장을 지배한다

항공기가 발달하면서, 지상이나 해상의 전투에서 승리하기 위해서는 우선 공중의 전투에서 공중우세(Air Superiority)까지 포괄해야 했다. 현대에는 공중우세가 우주공간에서의 우세를 확보하는 것도 중요해졌다.

'우주에서의 군비확장을 막는다'는 취지로 위성 궤도상에 핵무기 등의 대량파괴무기를 배치하는 일을 우주조약으로 금하고 있다. 하지만 카메라로 적 부대 배치와 움직임을 파악하거나, 미사일이나 폭탄을 목표 지점으로 정확히 보내는 데에도(자동차 내비게이션이나 휴대전화 내비게이션에도 사용하는) GPS를 사용한다. 위성은 원거리 통신에도 빼놓을 수 없다. 따라서 인공위성 없이는 현대전은 구상할 수 없다고 해도 과언이 아니다.

그로 인해 '적의 인공위성 활동을 제한하여 위성 궤도상의 우주에서 우세를 획득해야 할 필요성이 요구되었다'. 이러한 이유로 냉전 시대의 미국과 소련 그리고 최근의 중국은 다양한 대위성 무기(ASAT, Anti-SATellite weapon)를 개발해왔다. 이 용어는 미사일에 한정된 표현이 아니라, 위성을 공격할 수 있는 수단 전반을 망라하는 넓은 의미이지만(예를 들어 레이저를 사용하는 경우), 현재는 주로 미사일만을 가리킨다.

미국, 소련, 중국은 각각 위성에 대한 미사일 공격 실험에는 성공했다. 하지만 대량의 파편이 위성 궤도상을 도는 우주쓰레기(debris)가 되어 여타 위성에 위협이 된다는 사실이 밝혀졌다. 그러나 현재는 아직 대위성 미사일이 본격적으로 배치되어 있지는 않다.

미국의 F-15A가 ASM-135 ASAT를 발사하는 장면. 급상승하면서 발사한다. 사진 제공: 미국 공군

그림 ASM-135 ASAT의 외관

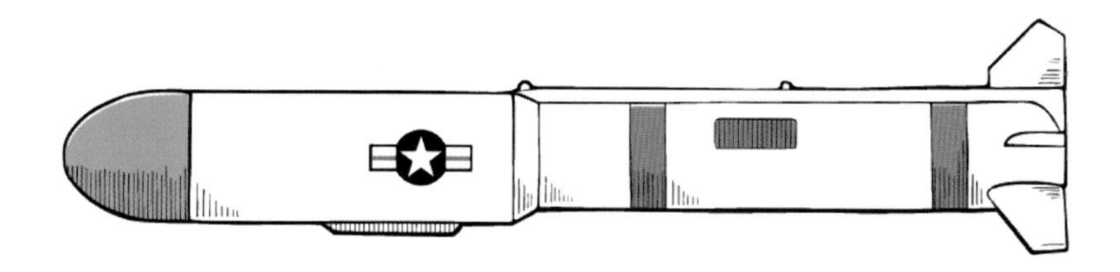

ASM-135 ASAT는 전체 길이 5.18 m, 지름 51 cm, 중량 1,180 kg, 사정거리 800 km다. 실전에 배치하지는 않았다.

유도폭탄

– 일반적인 폭탄에 유도장치를 첨가한 스마트탄

최근에는 미사일의 유도기술을 응용해서 포탄이나 폭탄의 명중정밀도를 크게 향상하고 있다. 예를 들어 미국의 페이브웨이 유도폭탄은 작은 날개가 달린 레이저 유도장치를 폭탄의 머리 부분에 장착하여, 레이저로 조사된 표적에 폭탄이 명중하도록 폭탄의 방향을 조정한다. 이때 레이저를 조사하는 주체는 폭탄을 투하하는 항공기가 아니어도 된다. 다른 항공기나 지상의 병사가 레이저를 조사해도 무방하다.

움직이지 않는 표적이라면 JDAM(Joint Direct Attack Munition) 같은 **GPS 유도폭탄**을 활용해야 비용 대비 효과가 크다. 이것도 본체는 일반적인 폭탄이지만, 그 탄체에 GPS 유도장치를 장착하고, 꼬리 부분에는 방향을 조종하기 위한 조종면(control fin)을 장착한다. 또한 AGM-62 월아이(wall eye)처럼 머리 부분에 텔레비전 카메라를 장착하여, 그 영상을 보면서 조종하여 표적을 격파하는 형태도 있다.

이런 유도폭탄은 미국뿐 아니라 러시아나 중국 등 세계 여러 나라들이 보편적으로 운용하고 있다. 예를 들어 러시아는 레이저 유도폭탄으로 KB-500L, GPS 유도폭탄으로 KAB-500Kr 등을 운용한다.

유도폭탄에는 추진장치가 없으므로 폭탄을 투하하는 항공기가 표적 상공까지 가야 하기 때문에 활공유도폭탄으로 점차 대체하고 있다. 일반적인 폭탄에 접이식 날개를 부착하고 표적에서 꽤 멀리 떨어진 항공기에서 투하하면, 날개를 펴서 글라이더처럼 표적을 향해 활공해가는 공격패턴을 응용한다.

중국군의 100 kg 레이저 유도폭탄.

중국군의 활공 유도폭탄 FT-2.

유도포탄

– 아직 가격이 비싸다는 것이 문제지만……

유도포탄은 포탄에 유도장치를 부착한 독특한 포탄을 말한다. 처음부터 유도포탄으로 설계한 것도 있지만, 일반적인 포탄의 신관부에 유도장치를 설치한 것들이 일반적이다.

처음부터 유도포탄으로 설계된 것으로는 미국의 M712 코퍼헤드 155 mm 포탄이 유명하다. 이는 세계 최초의 유도포탄이며, 발사되면 동체 안에 수납되어 있던 움직날개가 나온다. 그리고 레이저 유도포탄이므로 적을 볼 수 있는 장소에 있는 관측자가 레이저로 표적을 조사하면 레이저가 반사해오는 쪽으로 포탄이 날아간다. 러시아의 ZOF−39 크라스노폴 152 mm 포탄, 중국의 GP−1 등이 유사한 것들이다. 또한 러시아의 KM−8 GRAN 120 mm 박격포탄, 스웨덴의 스트릭스 120mm 박격포탄 같은 레이저 유도 박격포탄도 있다.

GPS로 유도하는 포탄도 있다. 미군의 XM982 엑스칼리버 155 mm 포탄이 그 대표적인 예라고 할 수 있다. 발사되면 포탄의 움직날개가 펴지고, 미리 설정된 GPS 좌표를 향해 날아간다. GPS 유도 방식으로는 움직이는 표적을 쫓아갈 수는 없지만, 비교적 저렴한 가격에 제조할 수 있다는 장점이 있다.

XM1156 경로 수정 신관은 일반적인 포탄의 머리 부분에 유도장치를 장착한 것이다. 움직날개가 달린 유도장치를 이용한다. 이와 비슷한 포탄을 유럽의 여러 나라에서도 운용하고 있다.

그림 **레이저 유도포탄의 개요도**

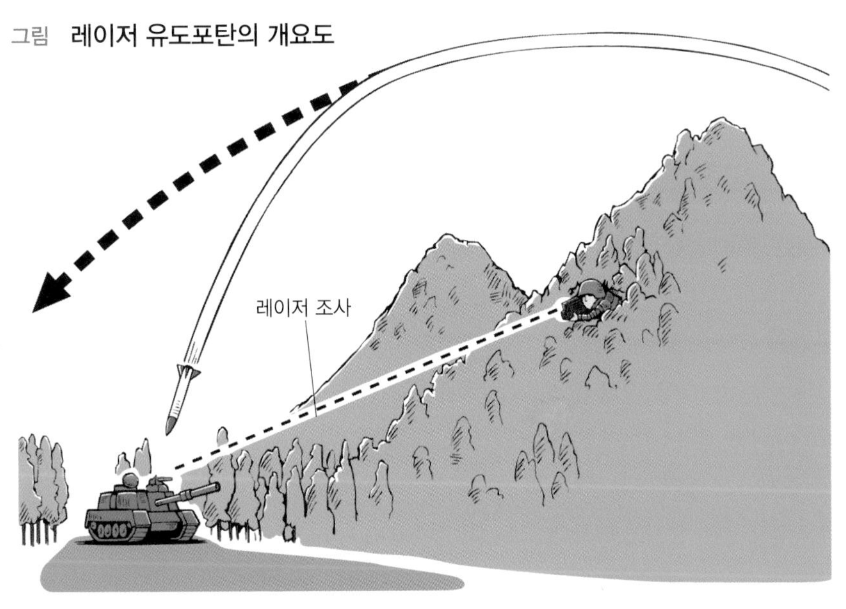

적을 볼 수 있는 장소에 있는 관측자가 표적을 레이저로 조사하면, 유도포탄은 레이저가 반사해오는 방향으로 날아간다.

러시아 유도포탄의 유도장치.

COLUMN 1

그다지 도움이 되지 않을 것 같았던 R30

지금은 운용하고 있지 않지만, 예전에 일본 육상자위대는 R30(68식 30형 로켓 고폭탄)이라는 **지대지 로켓**을 가지고 있었다. 외관은 지대지 미사일처럼 생겼지만 유도장치가 없는 단순한 대형 로켓탄이었다.

지름 30 cm, 1발의 중량 573 kg, 탄두 중량 227 kg으로 폭발력은 크지만, 사정거리는 28 km밖에 되지 않아 핵탄두탄이나 클러스터탄을 활용할 수 없어서 그다지 도움이 될 것 같지 않은 무기였다.

생각건대 이는 당시에 미국이나 소련이 각종 지대지 미사일을 개발했기 때문에 일본에서도 그와 비슷한 미사일을 만들기 위한 기술 개발이라는 의미에서 '일단 만들어보고, 이왕 만들었으니 낡아질 때까지 운용하자'라는 의도였을 것으로 추정된다.

R30은 이동할 수 있는 장륜식 차량에 실어서 운용하던 지대지 로켓이다. 제2차 세계대전 후 처음으로 등장한 일본산 지대지 로켓이었다.

제2장

유도방식

The Guidance

일본 자위대의 03식 중거리 지대공 미사일(MSAM)의 레이다.

유선유도
– 발사기와 미사일은 와이어로 연결되어 있다

초기의 대전차 미사일 중에는 유선유도식 미사일이 많았다. 미사일과 유도장치는 가느다란 와이어로 연결되어 있다. 와이어는 미사일의 꼬리 부분에 감겨 있고, 미사일은 그 와이어를 풀어내면서 날아간다.

미사일의 후미에 작은 발광장치(flame)를 장착하여 붉고 강한 빛을 내어 일부러 눈에 띄도록 만들었다. 미사일을 유도하는 병사가 그 붉은 빛을 보면서 유도장치의 조종간을 움직여서 미사일을 유도하는 방법이다. 일본 자위대의 64식 대전차 유도탄이 이런 방식이다. 제4차 중동 전쟁에서 아랍군이 사용해서 다수의 이스라엘군 전차를 격파한 러시아제 미사일 새거도 이런 방식이었다.

이보다 조금 더 진보된 방식이 반자동 지령식이다. 병사가 손으로 조종간을 움직이지 않아도, 이동하는 적 전차를 조준기로 계속 쫓아가면 조준기의 움직임이 전기 신호로 바뀌어 미사일로 전달된다. 이런 방식의 대표적인 예로는 미국이 개발한 TOW(Tube-launched, Optically tracked, Wired-guided: 일본 자위대의 AH-1S 헬리콥터에서도 사용된다)이나 드래곤(Dragon) 대전차 미사일, 일본의 79식 대전차·대주정 유도탄 등이 있다.

또한 와이어가 아니라 광섬유를 사용해서 유도하는 다목적 유도탄 등도 있다. 광섬유를 사용하면 와이어가 엉키지 않고 잘 끊어질 염려가 없고 신호전달율이 높아 정밀한 유도가 가능하다.

그러나 유선유도는 미사일 내부의 와이어나 광섬유의 길이로 사정거리가 결정되기 때문에 사정거리에 한계가 있어서, 대전차 미사일 같은 단사정 미사일에만 활용되었다. 적의 기만이나 교란, 전장의 상태 등을 극복하기 위해 유선유도 방식이 더 유리한 경우가 많다.

대전차 헬리콥터 AH-1S의 TOW는 유선유도 방식이다.

96식 다목적 유도탄은 광섬유를 사용한 유선유도 방식이다.

레이저유도
– 발사 위치와 유도장치의 위치가 달라도 된다

레이저유도 방식은 대전차 미사일에 많이 사용하는데, 단거리 공대지 미사일이나 지대공 미사일에 사용되는 예도 적지 않다. 표적을 향해 레이저 광선을 조사하면, 미사일은 레이저 반사광이 오는 방향을 향해 (혹은 레이저 빔을 따라) 날아간다. 적을 향해 레이저를 조사하는 병사만 적이 보이는 언덕 위에 자리 잡고, 미사일을 탑재한 차량이나 헬리콥터 등은 산 뒤쪽에서 대기하다가 발사해도 된다.

레이저유도 대전차 미사일로는 미국의 헬파이어가 유명하다. 일본도 AH-64 아파치나 해상자위대의 초계 헬리콥터 SH-60K에서 운용한다. 해상자위대는 대전차가 아니라 공대함으로 운용하지만, 원래 그다지 큰 미사일이 아니므로 함정에 대한 파괴력은 한정되어 있다. 하지만 스웨덴은 해안 방어용 지대함 미사일로 운용하고 있다. 그 외에 러시아의 AT-9, 일본의 87식, 중국의 홍전(紅箭) 8 등도 레이저유도 방식을 사용한다.

미국의 단거리(약 20 km) 공대지 미사일 AGM-65 매버릭(Maveric)은 몇 가지의 유도방식을 선택해서 사용한다. 그중 레이저유도 방식도 있다. 비교적 대형이므로 어떤 전차라도 파괴할 수 있다. 대공 미사일에는 레이저유도 방식을 채택한 경우가 드물지만, 영국의 스타더스트(Stardust)는 이 방식을 채택하였다.

일본 자위대의 87식 대전차 유도탄은 레이저유도 방식을 사용한다.

공대지 미사일 AGM-65 매버릭을 발사하는 F-16. 사진 제공: 미국 공군

지령유도와 호밍유도
– 사정거리가 긴 대공 미사일은 양쪽을 병용한다

무선조종기(Radio-Controlled aircraft)를 조종하듯이 미사일에 신호를 보내 유도하는 것을 지령유도(command guidance)라고 한다. 전파로 유도하는 경우가 많다. 46쪽에서 설명했듯이 유선유도도 지령유도의 일종이라고 할 수 있다.

호밍유도(homing guidance)는 미사일 자체의 기능으로 표적에서 나오는 전파나 적외선을 포착해서 그 방향으로 날아가 돌입하는 방식이다. 공대공 사이드와인더는 적외선 호밍 방식을 사용하는데, 표적의 엔진에서 나오는 적외선(IR, 열원)을 향해 날아간다.

이처럼 미사일 자체에서는 아무런 신호도 송신하지 않고 표적에서 나오는 전파나 빛을 향해 날아가는 것을 수동식 호밍(passive homing)이라고 한다. 반면, 미사일이 전파를 송신하고 그 전파가 반사되어오는 방향을 향해 날아가는 방식을 능동식 호밍(active homing)이라고 한다. 일본 항공자위대의 공대공 미사일 스패로가 이에 해당한다.

미사일 자체는 전파를 송신하지 않고 지상이나 함정의 레이다 전파가 표적에 반사되어오는 것을 포착해서 그 방향으로 날아가는 방식을 반능동식 호밍(semi-active homing)이라고 한다. 호크(HAWK, Homing All the Way Killer) 지대공 미사일이 이에 해당한다.

그러나 미사일의 머리 부분에 실을 수 있을 정도의 작은 센서로는 먼 곳의 표적을 발견할 수 없다. 그래서 '미사일 자체가 표적을 탐지할 수 있는 거리까지 지령유도를 하는' 방식도 사정거리가 긴 미사일에는 자주 활용된다. 지대공 미사일 패트리엇이 이에 해당한다. [역자 주: TVM(Track Via Missile)이라는 독특한 유도방식이다. 패트리엇의 명중정밀도를 보장하는 핵심기술이다.]

그림 1 **지령유도의 개요도**

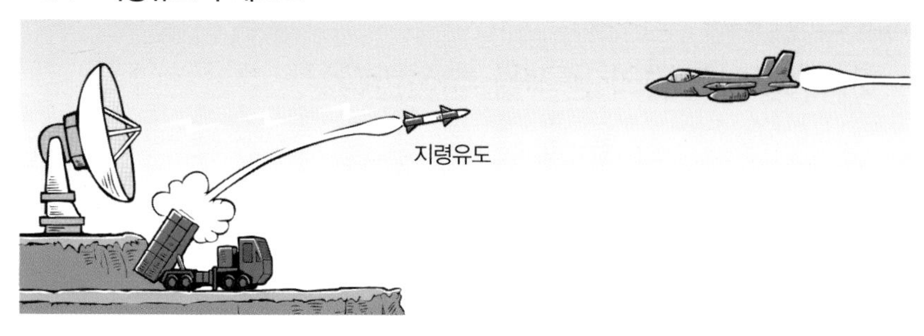

그림 2 **세 종류의 호밍유도**

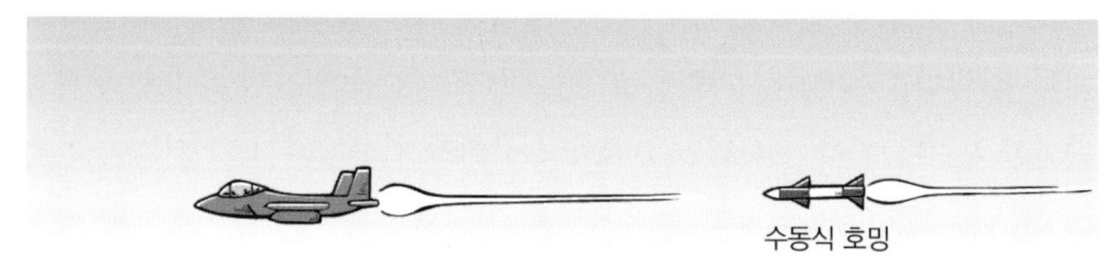

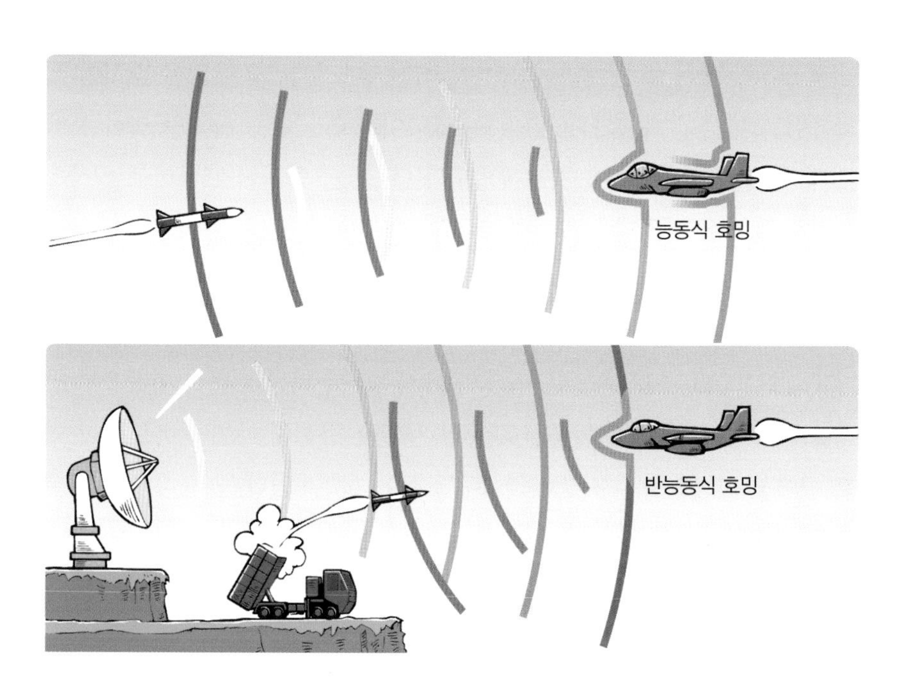

영상유도
– 카메라로 표적의 윤곽을 추적한다

하늘을 나는 항공기는 엔진에서 나오는 열이나, 반사되어오는 레이다 전파로 포착하기가 쉽지만, 지상의 표적은 레이다로 포착하기가 쉽지 않다. 지면에서 약간 튀어나온 물체가 작은 건물인지, 전차인지, 바위인지 정확히 파악할 수 없기 때문이다.

따라서 지상의 표적에 대해서는 영상유도 방식을 선호한다. 표적의 모습을 텔레비전 카메라로 파악하고, 정확한 표적임을 인간이 육안으로 직접 확인한 후 유도한다. AGM-65 매버릭 공대지 미사일의 초기형 등이 이에 해당한다. 일본의 96식 다목적 유도탄처럼 유도지령을 광섬유로 보내는 방식도 있다. 텔레비전 유도 전파는 도중에 장애물에 막히는 경우가 있지만, 광섬유는 전파 장애의 우려가 없어서 은폐된 장소에서도 유도할 수 있다.

영상유도 방식 또한 인간이 끝까지 직접 유도하는 것은 낡은 방식이다. 최근에는 미사일 자체가 표적의 모습을 기억하고, 그 모습과 동일한 물체를 향해 날아가는 방식을 사용하기도 한다. 일단 인간이 모니터로 영상을 보면서 정확한 표적임을 확인하고 미사일에 그 영상을 기억시킨다. 발사한 후에는 더 이상 인간이 유도할 필요가 없으므로 안전한 장소로 피할 수 있다.

미국의 FGM-148 재블린, 일본의 01식 경대전차 유도탄이 영상유도 방식을 활용한다. 지대공 미사일로는 일본의 91식 휴대 지대공 유도탄이 있고 공대공 미사일로는 러시아의 R-73 등을 들 수 있다. 영상유도라고 해도 적의 모습을 꽤 어렴풋한 형상으로밖에 파악하지 못하는 듯하다. [역자주: 윤곽(silhouette)을 기억한다.]

일본 자위대의 중거리 다목적 유도탄도 영상유도 방식이다.

01식 경대전차 유도탄. '이 표적을 쏘겠다'고 결정하고 방아쇠를 당기면 미사일이 표적의 모습을 기억하고 그 모습과 동일한 물체를 향해 날아간다.

GPS 유도

– 원래는 미군 전용이었지만……

GPS(Global Positioning System)는 고도 20,200 km에서 돌고 있는 24개의 인공위성 중 3개 이상의 위성과 교신하여 지구상의 위치를 알 수 있는 시스템이다. 지상의 수신기는 '지금 현재 어느 위성이 어디에 있는지 파악한 후 자신의 위치가 어디인지'에 관해 복잡한 계산을 수행한다. GPS는 컴퓨터가 소형화되기 이전에는 불가능한 일이었다. 하지만 지금은 자동차 내비게이션이나 스마트폰 내비게이션에도 사용되고 있다는 것은 누구나 아는 사실이다.

지구상의 특정 위치로 유도하는 시스템이기 때문에 당연히 움직이는 물체를 조준할 수는 없다. 하지만 대함 미사일 가운데 사정거리가 긴 미사일의 경우, 표적에서 방출되는 전파나 적외선 등을 탐지할 수 있는 거리까지 날아가기 위해, GPS를 사용하기도 한다.

그런데 이는 원래 미군 전용 시스템이었다. 전쟁이 벌어지면 미국이 위성의 신호를 끊어버리거나, 신호 송수신 방법을 바꿔서 미군만이 GPS를 사용할 수 있게 한다면, 다른 국가들은 다른 방도가 없게 될 것이다.

이러한 이유로 러시아는 미국의 위성에 의존하지 않는 독자적인 GPS 글로나스(GLONASS) 시스템을, 중국은 북두(北斗) 위성 시스템을, EU는 갈릴레오(Galileo) 시스템을 개발하여 운용한다.

그림 1 **GPS 위성의 개요도**

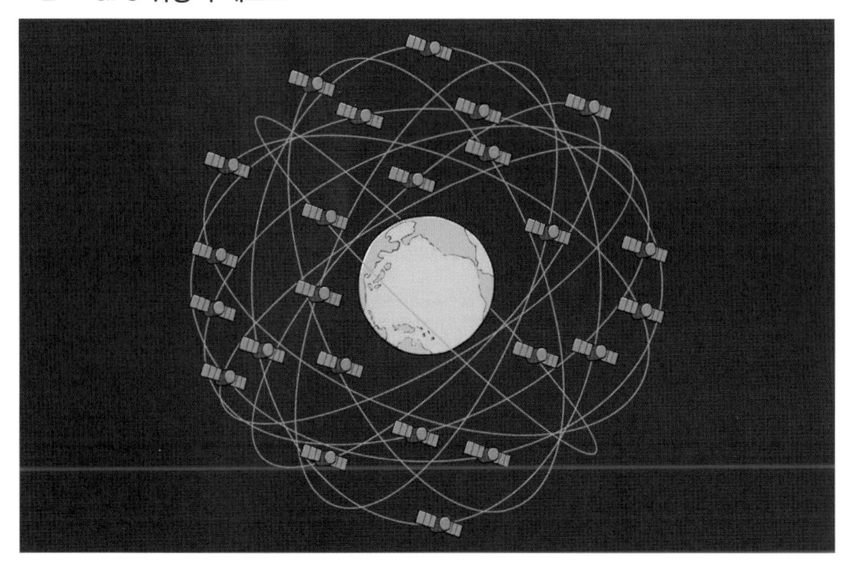

고도 20,200 km의 궤도를 24개의 GPS 위성이 돌고 있다.

그림 2 **GPS 시스템의 개요**

GPS는 '지금 현재 어느 위성이 어디에 있는지, 자신의 위치가 어디인지'를 순식간에 계산한다.

관성유도
– 잠수함에서 발사하는 탄도미사일은 정밀도가 낮다

자동차를 급발진하면 몸이 뒤로 쏠리고, 브레이크를 급히 밟으면 몸이 앞으로 쏠린다. 이를 관성이라고 한다. 외부에서 어떠한 유도나 위치정보를 받지 못하더라도 이 관성력을 검지해서 자신의 위치를 산출해내는 것을 관성항법이라고 한다.

GPS가 없었던 시절의 전투기나 여객기 혹은 잠수함은 관성항법장치(INS, Inertial Navigation System)를 활용했다. 그리고 탄도미사일도 외부에서 수신하는 유도 전파 혹은 호밍정보가 없더라도 미사일 스스로 매 순간 자신의 위치를 산출하며 비행한다. 이것이 관성유도 방식이다. 잠수함의 경우, 물속에는 GPS 전파가 도달하지 못하기 때문에 관성항법은 여전히 중요하다.

하지만 관성항법은 비행기처럼 속도가 빠르다면 정밀도가 높지만, 배처럼 속도가 느리다면 정밀도가 낮다. 그러므로 같은 정밀도로 만들어진 관성항법장치라도 배에서는 비행기보다 위치의 오차가 크다. (역자 주: 선박의 순간속도 변위가 크지 않기 때문이다.)

이처럼 잠수함에서 운용하는 탄도미사일은 위치 정보에 오차가 있기 때문에, 기존에는 도시와 같은 지역 표적(Area Target)을 공격할 수 있는 정밀도는 있었지만, 군사시설과 같은 핀포인트(pin point) 표적을 통해 공격할 수 있는 정밀도는 없었다. 특히 중국 원자력 잠수함의 위치 정보는 더욱 오차가 크다고 알려져 있다.

하지만 미사일 발사 직전에 안테나를 수면 위로 내놓고 GPS 전파를 수신할 수는 있다. 그렇게 하면 발사 후 탄도를 정확하게 수정할 수 있게 된다.

여객기 중에서는 보잉 747 점보가 처음으로 관성항법장치를 운용했다. 사진은 일본 정부의 전용기다.

2004년에 중국의 한형(漢型) 원자력 잠수함이 일본 영해를 침범했지만, 이는 사실 '중국제 관성항법장치의 정밀도가 나빠서 실제 위치를 정확히 몰랐기 때문'일 가능성도 있다. 사진 제공: 미국 해군

지형대조유도
– 순항 미사일의 기본적 유도 방식

GPS는 1990년대 이후에 보급되었기 때문에, 초기형 순항 미사일 토마호크에는 GPS 유도장치가 없었다. 따라서 관성유도와 지형대조유도 방식을 병용했다. 지형대조유도(TERCOM, Terrain Counter Matching) 방식은 전파고도계(radio altimeter)로 지상의 높낮이를 파악하고, 미리 기억시켜둔 표적 경로상의 지면 높낮이 데이터와 대조해서 자신의 위치를 확인하는 방식이다.

이는 결국 순항 미사일을 사용하기 전에 적국의 정확한 지형, 언덕, 높은 건물 등의 위치를 파악해두어야만 가능한 방식이다. 따라서 평시에 '앞으로 순항 미사일을 사용할 가능성이 있는' 지역(미군의 경우에는 전 세계)의 지면 높낮이 데이터를 디지털 맵(digital map)으로 만들어두어야 한다.

그리고 순항 미사일은 레이다로 거의 탐지할 수 없는 고도 수십 m의 초저공으로 산이나 높은 건물을 피하면서 비행했다. 하지만 사막처럼 평탄한 지형이나 바다 위를 날아가는 경우에는 미사일이 바람에 날려도(순항 미사일은 소형 비행기와 비슷하다) 대조할 수 있는 방법이 없다. 따라서 미사일이 상정한 코스에서 벗어나도 알아차리지 못하기 때문에 관성유도장치를 사용해야 했다.

지금은 GPS로 정확한 위치를 알 수 있게 되었지만, 여전히 순항 미사일은 레이다로 탐지당하지 않도록 초저공으로 날아간다. 'GPS로 위치를 알 수 있더라도' 그 위치에 언덕이나 건물이 있는지 없는지 알 수 없다면 충돌할 우려가 발생하기 때문에 지형대조는 지금도 엄연히 필수적인 요소로 활용되고 있다.

그림 1 **지형대조유도의 개요도**

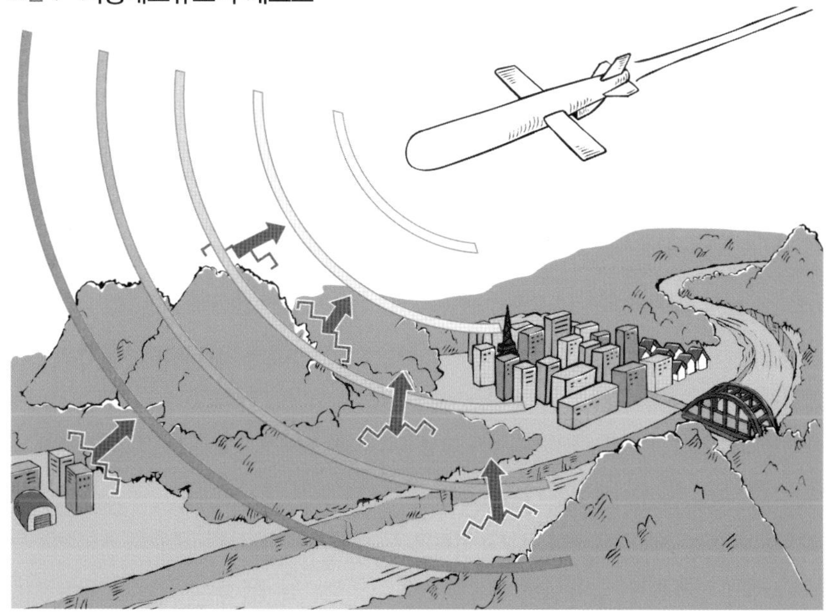

전파고도계(대지 레이다)로 지형을 파악하고, 미리 기억시켜둔 지형 데이터와 대조해서 자신의 위치를 알아낸다.

그림 2 **프랑스의 공대지 핵미사일 ASMP**

프랑스의 유일한 공대지 핵미사일 ASMP(Air-Sol Moyenne Portée)도 지형대조유도 방식을 사용한다.

COLUMN 2

'사실상의 탄도미사일'이란?

언론에서는 북한의 대포동 로켓을 '사실상의 탄도미사일'이라고 보도한다. 필자는 '대포동 로켓 앞쪽 끝에는 장난감 같은 자그마한 위성이 실제로 탑재되어 있을 것'이라고 언급한 바 있다. 실제로 2012년 12월에, 그리고 이 원고를 집필 중이던 2016년 2월에 쏘아 올린 대포동 로켓은, 비록 아무런 역할도 하지 못하는 위성이지만, 일단 위성을 궤도에 올려놓았다.

원래 탄도미사일과 위성운반용 로켓은 기본적으로 동일하다. 탄도미사일을 사용해서 인공위성을 쏘아 올리는 사례는 세계적으로 수두룩하다.

대포동 로켓이 '사실상의 탄도미사일'이라면 전 세계의 위성운반용 로켓도 사실상의 탄도미사일이라고 할 수 있다. 일본의 입실론 로켓은 대포동 로켓보다 탄도미사일적인 성격이 더욱 짙다. 필자는 북한을 옹호하려는 의도는 아니지만, '사실상의 탄도미사일'이라는 보도는 여론을 조작하려는 의도가 담겨 있다고 생각한다.

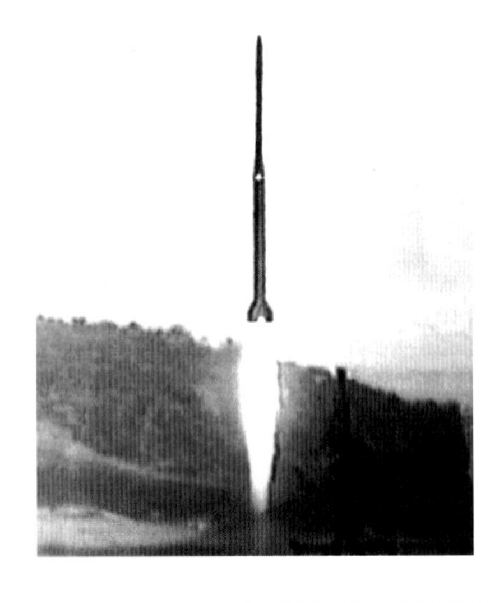

북한 동북부의 함경북도 무수단리 발사장에서 쏘아 올린 탄도미사일 대포동. 1998년 9월 4일에 북한의 조선중앙통신이 보도하였다. 북한은 '북한 최초로 인공위성을 쏘아 올렸다'고 발표했다. 사진 제공: AFP = 지지통신

제3장

추진방식

The Propellant

독일이 개발한 V-2 로켓의 엔진.

액체연료 로켓

– H-2 로켓은 액체 산소와 액체 수소를 사용하지만……

일본의 H-2 로켓은 액체 수소를 연료로 하고, 액체 산소를 산화제로 사용한다. 이는 출력이 크다는 장점은 있지만 액체 산소는 –183 ℃, 액체 수소는 –253 ℃ 이상이 되면 기화하기 때문에 로켓에 연료를 넣어둔 채 보관할 수 없어 발사 직전에 주입해야 한다. 즉 연료를 주입하고 곧바로 발사해야 한다는 것이다. 군용 미사일로서는 너무나 불편하다.

이러한 불편을 극복하고자 상온에서 보관할 수 있는 몇 가지 연료를 개발했다. 히드라진(N_2H_4)과 그 유기화합물인 비대칭 디메틸히드라진[$(CH_3)_2$-N-NH_2] 등이 그것이다. 산화제로는 질산(HNO_3) 혹은 그것에 사산화이질소(N_2O_4)를 가해서 만든 적연질산이 널리 사용된다.

히드라진계 연료는 독성이 강하다. '독가스를 다루는 듯한' 방호복을 입고 작업한다. 질산은 무색투명하지만, 사산화이질소는 황색의 액체다. 사산화이질소는 21 ℃를 초과하면 이산화질소로 변화하고 적갈색의 증기를 발생시키기 때문에 적연질산으로 불린다. 적연질산은 강한 부식성이 있기 때문에 로켓의 연료탱크나 연료저장탱크는 스테인리스강을 사용해야 한다. 저장성을 개선하기 위해 0.6% 정도의 불화수소를 첨가한 것을 억제 적연질산이라고 한다.

이들 연료와 산화제의 조합은 연소실로 보내면 특별히 점화하지 않아도 연소한다. 이러한 연료를 자발착화성(hypergolic) 추진제라고 한다.

H-2 로켓은 액체 산소와 액체 수소를 사용하므로 미사일로서는 전혀 실용성이 없다.

평양의 김일성 광장에서 개최된 조선노동당 창건 70주년 기념 군사 퍼레이드에 등장한 이동식 탄도미사일. 미국이 로동 미사일이라고 부르는 준중거리 미사일(MRBM)로 보인다. 소련의 스커드 미사일을 대형화해서 탄두 중량을 증가하고 사정거리를 연장했다. 로동 미사일은 억제 적연질산과 비대칭 메틸히드라진을 사용하는 액체연료 로켓이어서 연료를 넣은 채 보관할 수 있다. 사진 제공: 지지통신

고체연료 로켓

– 충전된 형상으로 연소 상태가 결정된다

로켓은 수백 년 전에 발명되었다. 흑색 화약을 사용하는 고체연료 로켓으로 시작되었다. 총포의 발사약이 무연화약 니트로셀룰로스계 고체연료로 크게 발전하고, 유도장치를 부착하면서 미사일 시대가 열리게 되었다.

니트로셀룰로스는 셀룰로스, 다시 말해 면(綿)과 같은 식물의 섬유를 질산으로 처리한 것이다. 현대의 총포탄에 사용하는 무연 화약의 주성분이 바로 니트로셀룰로스다. 그러나 무연 화약을 사용하는 고체연료 로켓으로는 대형 미사일을 만들 수 없었다. (역자 주: 연료의 시간당 발열량이 한정적이어서 무게 대비 추력 비율, 즉 비추력이 제한적이기 때문이다.)

따라서 초기의 탄도미사일은 액체연료를 사용하였다. 하지만 독성이 있고 인화성이 강하여 사고의 위험성이 크다는 불편한 점이 있었다. 그러나 합성 고무에 과염소산 암모늄이나 질산암모늄 등의 산화제를 이겨 넣고 이를 로켓의 동체 내부에 원하는 형상으로 성형 충전하여 비추력이 큰 추진체를 만들 수 있게 되면서 ICBM 같은 대형 미사일에도 고체연료를 사용할 수 있게 되었다.

하지만 러시아는 같은 크기의 로켓인 경우, 액체연료가 출력이 더 좋기 때문에 액체연료를 고집했다. (어쩌면 고체연료 로켓을 만드는 기술이 뒤떨어졌기 때문인지도 모른다.) 이 때문에 러시아의 탄도미사일 고체연료화는 미국보다 늦었다. 현재는 러시아의 탄도미사일도 고체연료를 널리 사용한다.

액체연료는 밸브의 여닫이를 조절해서 연료의 유량을 조절할 수 있지만, 고체연료는 그럴 수 없다. 따라서 로켓의 동체 내부에 어떤 형상으로 연료를 충전하느냐에 따라 추진력이 결정된다.

그림 **고체연료 로켓의 연료 형상에 따른 연소 특성**

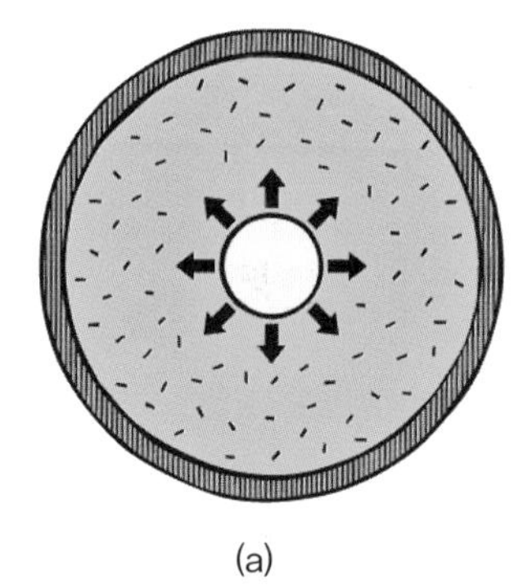

(a)

(a)의 형상은 연료가 연소할수록 연소 면적이 늘어나므로 연소 속도가 점점 가속된다.

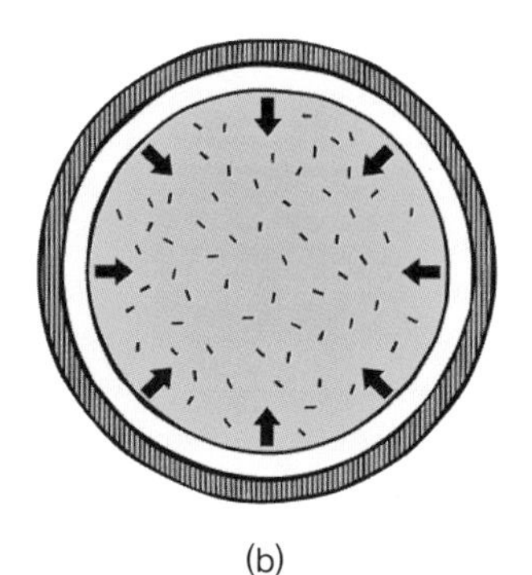

(b)

(b)의 형상은 연료가 연소할수록 연소 면적이 작아지므로 연소 속도가 점점 감속된다.

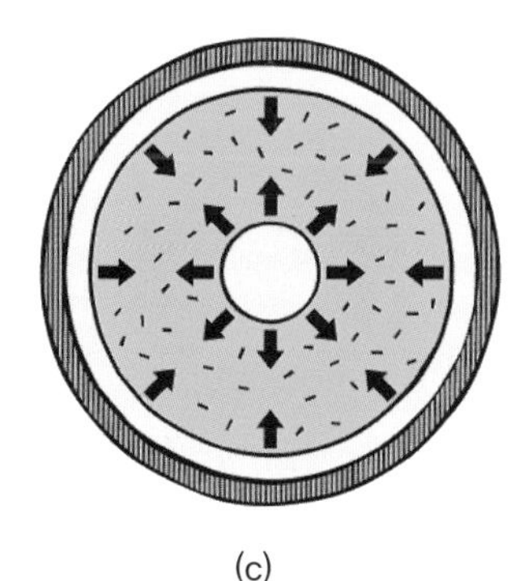

(c)

(c)의 형상은 (a)와 (b)를 합친 형상이므로 등속도로 연소한다.

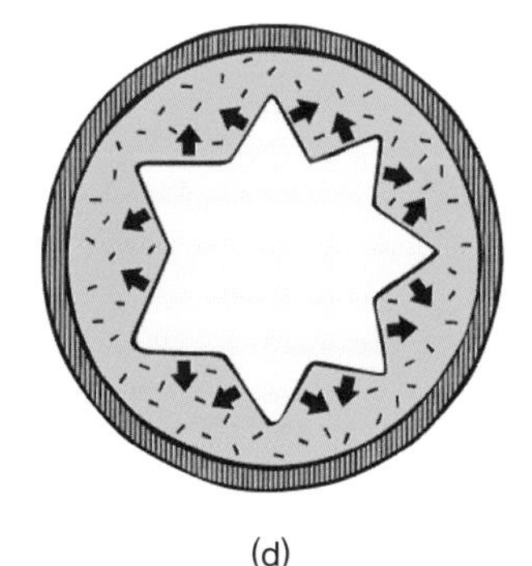

(d)

(d)의 형상은 처음부터 연소 면적이 넓고 연소될수록 연소 면적이 더욱 늘어나므로 연소 속도가 단시간에 급가속된다.

이 외에도 이상적인 연소 특성을 얻기 위해 다양한 형상이 연구되고 있다.

제트 엔진
– 토마호크의 엔진은 터보팬

'미사일'이라는 말을 들었을 때 일반적으로 로켓 추진 방식을 떠올리게 된다. 그러나 순항 미사일은 제트 엔진을 사용한다. 로켓으로 추진하면 단시간에 큰 추력을 낼 수 있지만, 사실 낭비가 매우 크다.

순항 미사일의 대표 격이라고 할 수 있는 토마호크는 지름 52 cm, 길이 6.25 m, 무게 1,450 kg, 탄두 중량 454 kg, 사정거리 2,000 km 이상이나 된다. 이와 비슷한 크기의 지대지 로켓은 러시아의 FROG–7이 있다. FROG–7은 탄두 중량 450 kg, 지름 54 cm, 길이 9.1 m로 토마호크보다 길이는 길다. 중량도 2,500 kg이나 되지만, 사정거리는 70 km밖에 되지 않는다.

450 kg 정도의 탄두를 2,000 km 이상의 먼 곳으로 보내는 탄도미사일은 중량 수십 톤, 지름 1.5 m, 길이 10 m는 족히 된다. 그 미사일 크기의 대부분은 연료 탱크가 차지한다. 로켓은 그만큼 연비가 나쁘다고 할 수 있다.

여객기의 엔진을 앞에서 보면 커다란 풍차(Fan)가 돌고 있는데 이것이 터보팬 엔진이다. 토마호크도 이러한 터보팬 엔진을 사용한다. 따라서 토마호크의 속도는 여객기와 비슷한 시속 880 km 정도다. 날아가는 도중에 적에게 발각되면 전투기에 요격될 가능성도 있다.

그래서 레이다에 발견되기 어렵도록 초저공비행을 한다. 그 때문에 표적을 향해 순항 비행을 하게 하려면 지형을 파악해서 정확한 경로를 선택해서 안정적인 항로비행을 하기에 적합한 추진력이 필요하다. 터보팬 엔진의 중저고도 성능과 효율성은 이러한 조건을 만족시킨다.

그림 **일반적인 터보팬 엔진의 개요도**

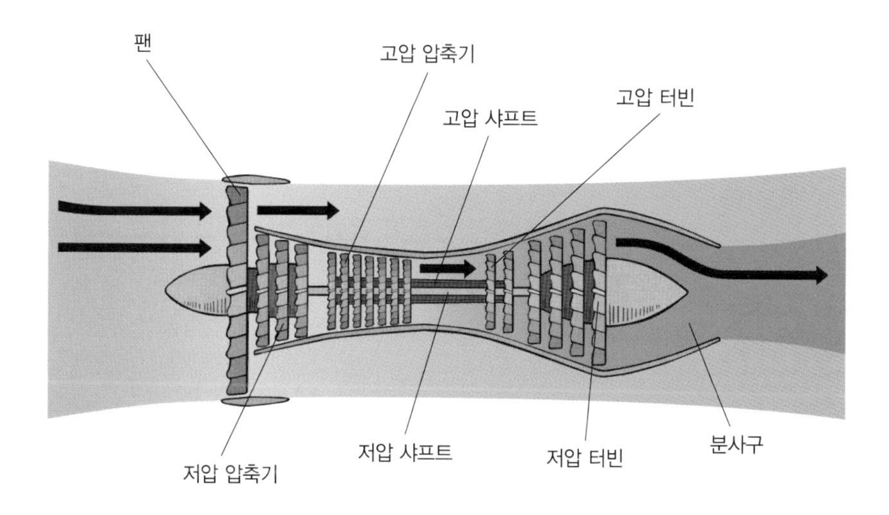

여객기에 사용되는 터보팬 엔진. 순항 미사일의 엔진은 이보다 작으며 동체 안에 들어 있다. 그러므로 순항 미사일의 엔진은 가격이 비싸다.

터보제트 엔진
– 대다수의 대함 미사일은 터보제트

터보제트는 제트 엔진의 초기 형식이다. 직경을 작게 만들 수 있고 구조를 단순하게 만들 수 있어서 신뢰성 있는 추진체로 인정받고 있다. 로켓보다는 연비가 훨씬 좋으므로 긴 사정거리를 필요로 하는 대함 미사일에 자주 사용한다.

그림처럼 터보제트 엔진(turbojet engine)은 공기 흡입구 바로 안쪽에 압축기가 있다. 여러 겹으로 배치된 압축기 깃이 회전해서 공기를 압축하여 연소실로 보낸다. 압축된 공기는 온도가 높아지는데, 여기에 연료를 불어넣으면 연소하고 생성되는 고압의 뜨거운 가스를 분사하여 추진한다. 그 가스의 일부로 터빈을 회전시켜서 압축기를 돌리고 흡입–연소–분사–흡입의 작동사이클이 지속된다.

분사하는 힘으로 추진력을 얻는 것보다 터빈을 돌려 회전력을 얻는 것을 중시해서 압축기뿐 아니라 프로펠러까지 돌리도록 만든 것이 터보프롭이다. 이때 사용하는 엔진은 가스터빈 엔진이라고 하거나 터보프롭 엔진(turboprop engine)이라고 한다. 현대의 프로펠러 여객기는 대부분 터보프롭이지만, 터보프롭 미사일은 없다.

프로펠러 대신에 수많은 팬을 장착하여 팬(fan) 추력으로 항공기를 추진하는 방식의 엔진을 터보팬 엔진(turbofan engine)이라고 한다. 소음레벨이 낮고 추진효율이 좋아서 현대식 엔진으로 각광받고 있으며, 대부분의 대형항공기들은 터보팬을 사용한다. 음속보다 약간 느린 속도로 날아가려면 터보팬이 가장 적합하다. 그러나 이런 복잡한 구조의(즉 고가의) 엔진을 미사일처럼 1회용 무기에 사용하기는 아까운 생각이 든다. 이러한 이유로 램제트(ram jet)가 주목받기 시작했다.

그림 **일반적인 터보제트 엔진의 개요도**

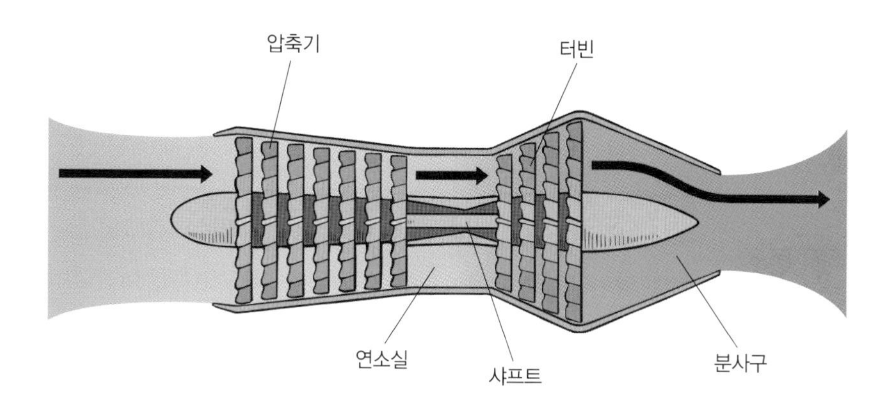

전투기 MiG-15. 초창기의 제트 항공기에는 터보제트 엔진을 사용했다.

램제트 엔진

– 자력으로는 발진할 수 없다

터보제트 엔진이나, 터보팬 엔진은 공기를 흡입하기 위해 압축기를 돌린다. 따라서 원래대로라면 추진력에 사용되어야 할 연소 가스로 터빈을 돌려 회전력을 얻는 데 사용한다. 이는 구조를 복잡하게 할 뿐 아니라, 추진력보다 압축기를 돌리는 데 많은 에너지를 사용하게 되어 미사일의 추진체로서는 결코 효율 좋은 엔진이라고는 할 수 없다.

그림처럼 공기 통로가 점점 좁아지는 구조에서는, 그것만으로도 공기는 압축된다. 그곳에 연료를 보내어 연소시키면 고속으로 분사되면서 추진력을 얻는다. 압축기나 터빈이 필요 없다. 구조가 간단하므로 1회용 미사일 엔진으로 매우 효과적이다. 이것이 바로 램제트 엔진이다.

그러나 램제트 엔진은 정지 상태에서는 엔진을 시동할 수 없다. 우선 보조장치로 가속하여 공기 흡입구에 공기가 흡입되면, 압축효과가 나타나 엔진이 작동한다. 그러므로 램제트 엔진 미사일은 2단식 로켓처럼 처음에는 로켓(부스터)으로 쏘아 올려야 한다.

터보제트나 터보팬 미사일도 현실적으로는 자력 발진이 아니라 부스터를 사용해서 사출한다. 램제트의 경우는 특별히 더 힘차게 쏘아 올려야만 한다.

그림 **램제트 엔진의 개요도**

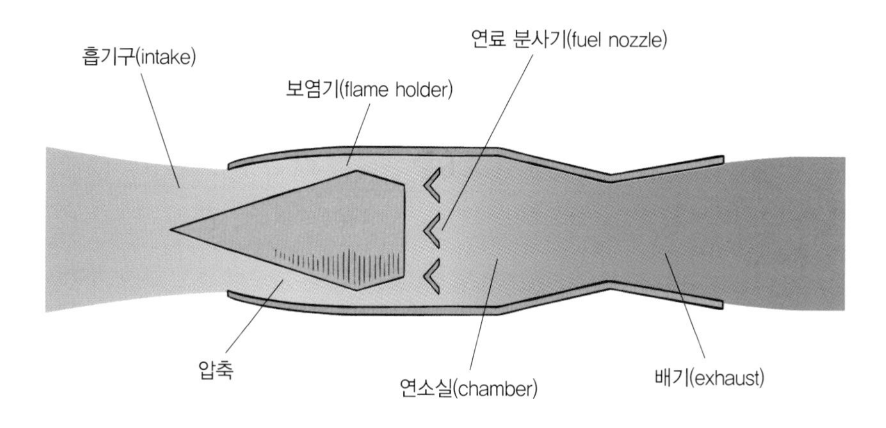

러시아와 인도가 공동 개발한 브라모스. 마하 3으로 비행하는 램제트 엔진 미사일이다.

펄스제트 엔진
– 현재의 미사일에는 사용하지 않는다

'세계 최초의 순항 미사일'이라고 할 수 있는 V–1은 펄스제트 엔진을 사용했다. 현재의 미사일에는 사용하지 않지만, 역사적 의미가 있기 때문에 소개한다.

공기 흡입부에 여닫히는 밸브가 있다. 발사하면 공기가 흡입되고 그곳에 연료를 보내 점화하면 연소하여 압력이 발생한다. 그 압력으로 공기 흡입 밸브가 닫히고 연소 가스는 후방으로 분사된다. 그 순간, 연소실 내의 압력이 내려가고 흡입구의 압력이 상대적으로 높아지면 다시 흡입–연소–분사의 사이클이 지속되어 엔진은 작동을 계속한다. 이 엔진도 자력 발진을 할 수 없으며 부스터(로켓)로 발사되어야 엔진이 작동한다. 1초에 45회 정도의 단속음이 들려서 V–1을 '부저 폭탄'이라고도 불렀다.

세계 최초의 순항 미사일 V–1은 현대의 순항 미사일처럼 초저공으로 비행하는 것이 아니라, 일반적인 비행기처럼 3,000 m 정도의 고도를 시속 약 600 km로 날았으므로 비행경로를 탐지당하기 쉬웠고, 고사포나 전투기에 의해 요격당하는 일도 자주 있었다. 또한 천천히 다가간 전투기가 날개 끝부분으로 스치듯이 지나가면 비행자세가 흐트러져서 추락하는 사례도 꽤 있었다.

그림 **펄스제트 엔진의 구조**

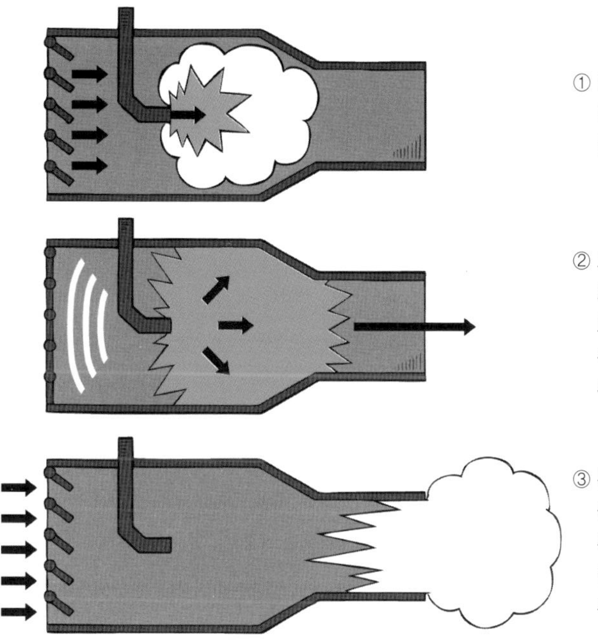

① 미사일을 캐터펄트나 부스터로 쏘아 올리면 공기가 흡입된다.

② 그곳에 연료를 주입해서 점화하면 연소 가스의 압력으로 공기 밸브는 닫히고, 뒤쪽으로 분사된 연소 가스는 추진력이 된다.

③ 분사 후에 압력이 낮아지면 공기 밸브가 열리고, 또 다른 공기가 흡입된다. 이와 같은 사이클이 반복되면서 추력이 생성된다.

독일의 V-1 로켓. 폭격기 He 111에 장착된 공중 발사형이다. 이 계획은 성공하지 못했다.

사진 제공: 미국 공군

덕티드 로켓 엔진
– 공기를 흡입하며 날아가는 로켓?

덕티드 로켓 엔진은 로켓 내부의 연료를 외부공기를 빨아들여 연소시켜 추진력을 얻는 방식이다.

덕티드 로켓의 고체연료에는 산화제가 조금밖에 함유되어 있지 않고 연료 성분이 많이 함유되어 있다. 그것에 공기(공기에 함유된 산소)를 공급해서 완전 연소시킨다. 그럼으로써 보통의 고체연료 로켓보다 많은 양의 연료를 가질 수 있어서 사정거리를 늘릴 수 있다.

고체연료 로켓이기 때문에 액체연료를 사용하는 램제트에 비하면 구조가 간단하고 비용도 줄일 수 있다. 또한 단순한 고체연료로는 비행 중 연소 상태를 제어하기가 어렵지만, 덕티드 로켓은 흡입공기를 제어함으로써 연소반응을 조절할 수 있다.

유럽 6개국은 이 방식으로 미티어 공대공 미사일을 개발했다. 단순한 고체연료 로켓으로 이런 사이즈의 미사일을 만들면 약 50 km의 사정거리밖에 얻을 수 없지만, 미티어는 100 km 이상의 사정거리를 가진다. 일본도 덕티드 로켓 미사일을 연구하는 중이다.

그림 **덕티드 로켓 추진을 하는 미티어 AAM**

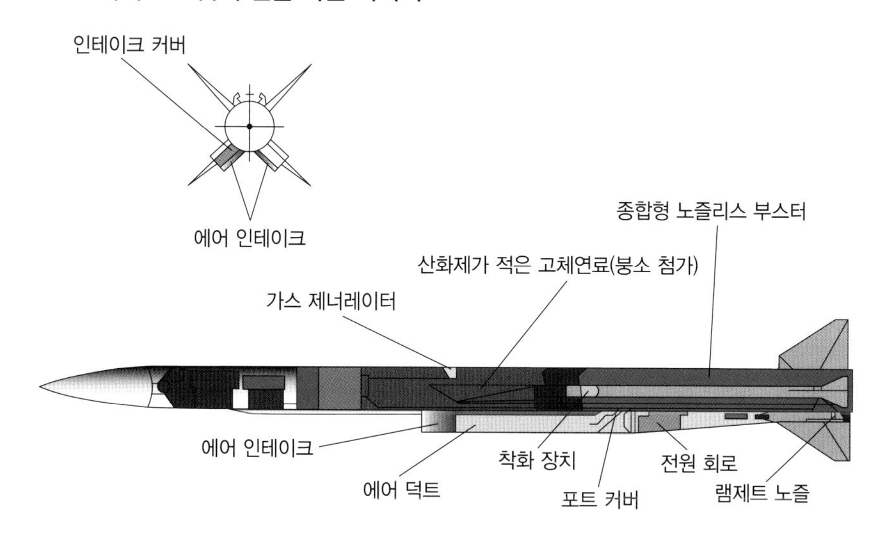

미티어 공대공 미사일은 유로파이터 타이푼, 라팔, 그리펜 등 유럽 여러 나라의 전투기에 운용한다. 사진은 그리펜에 장착한 미티어 공대공 미사일. 사진 제공: ©Saab AB(Stefan Kalm)

COLUMN 3

러시아 미사일의 NATO 코드명

공산주의 시절의 미사일의 이름은 기밀이었다. 그래서 NATO는 소련의 미사일에 일정한 규칙을 따라 이름을 붙였다. 이를 NATO 코드명이라고 한다.

예를 들어 NATO는 소련의 S-125 네바라는 지대공 미사일에는 지대공 미사일이기 때문에 SA를, 지대공 미사일 가운데 세 번째로 확인되었기 때문에 SA-3이라는 기호를 붙였다. 이와 더불어 고아(Goa)라는 이름까지 붙여서 서방의 출판물에서 S-125 네바는 'SA-3 고아'로 불렸다.

소련 붕괴 후의 러시아에서는 미사일의 이름을 공표했지만, 필자처럼 냉전 시대에 한창 활동했던 사람에게는 아직도 이 NATO 코드명이 익숙하다.

지대공 미사일 SA-3 고아. 1999년에 유고슬라비아에서 미국의 F-117 나이트호크 스텔스를 격추했다.

제 4 장

탄두
The Warheads

FROG-7은 구식이지만, 북한은 화학 탄두를 장착해서 배치하고 있는 듯하다.

유탄

– '석류'처럼 흩날린다고 해서 유탄이라 한다

미사일에서 폭발해서 적에게 피해를 주는 부분을 탄두라고 한다. 미사일의 머리 부분에는 유도용 센서를 장착하는 경우가 많고, 폭발 부위가 머리 부분이 아닌 사례도 많지만, 용어로서는 탄두(warhead)라는 단어를 사용한다. 또한 포탄이나 폭탄 혹은 미사일의 탄약에 채워져 있는 폭약은 작약이라고 한다. 작약의 폭발력으로 표적을 파괴하도록 만든 탄두가 유탄이다. 폭발로 인해 미사일 본체가 크고 작은 파편으로 흩어지면서 커다란 피해를 입힌다.

이 파편이 흩어지는 모습이 '석류(石榴)가 여물어서 터지는 것 같다'고 해서 유탄(榴彈)이라고 한다. 이는 예전의 둥근 포탄 시절에 폭발해서 파편을 흩뿌리는 포탄을 프랑스에서 '석류탄'이라고 부르던 데서 유래한다. 영어로는 고성능 폭약을 의미하는 'High Explosive(HE)'라고 부른다. (역자 주: 한국에서는 '고폭탄'이라고 한다.)

파편에 의한 살상 효과를 높이기 위해 미사일 본체가 파편이 될 뿐 아니라, 작약 속에 다수의 쇠구슬 혹은 손톱처럼 뾰족한 금속이나 짧은 막대 모양의 금속 등 여러 가지 모양의 금속 조각을 채우고 흩뿌려지도록 만든 것도 있다.

이처럼 미리 계획된 형태나 크기의 파편을 흩뿌리도록 설계된 유탄을 파편조정유탄이라고 한다. 이는 대지 미사일뿐 아니라 대공 미사일의 탄두에도 이용된다.

그림 **고폭탄의 개요**

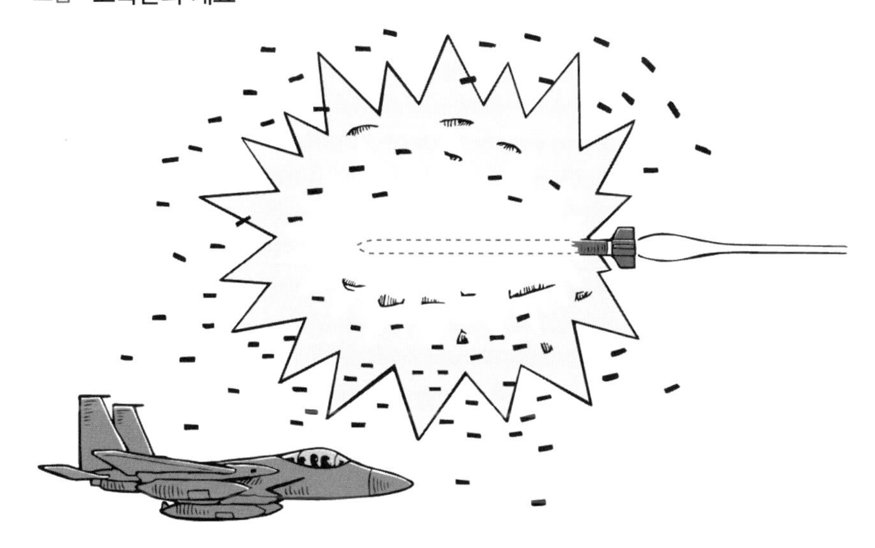

유탄은 폭발하면 본체의 파편을 비산시킬 뿐 아니라 쇠구슬 등 여러 가지 모양의 금속을 흩뿌려서 살상력을 높인다. 따라서 표적에 직격하지 않더라도 피해를 줄 수 있다.

대공 미사일 중에는 적기가 진행하는 방향으로 다수의 금속 원기둥을 흩뿌리는 구조도 있다.

대전차 고폭탄

– 성형작약탄 또는 천공고폭탄이라고도 한다

대전차 고폭탄은 그림 1처럼 탄두의 작약에 원뿔 모양의 공간을 두었다. 폭발 에너지 중에서 20% 정도는 이런 공간을 통해 렌즈에 빛이 모이듯이 전방의 한 점으로 집중된다. 집중된 에너지는 전차의 장갑판 같은 튼튼한 물체에도 구멍을 뚫을 수 있을 정도로 강력해진다. 이를 먼로 효과(Munroe effect) 또는 노이만 효과(Neumann effect)라고 한다. (역자 주: 통칭하여 Munroe–Neumann effect라고 한다.)

직경 100 mm 정도의 탄두가 만든 구멍의 직경이 연필 굵기 정도의 작은 크기이므로 '구멍은 뚫렸지만 전차는 계속 움직이는' 상황도 일어날 수 있다. 하지만 고열의 가스가 전차 내로 밀려 들어가면 대부분 화재가 발생하고, 폭발하기도 한다.

전차처럼 매우 튼튼한 표적에 구멍을 뚫기 위하여 원뿔 모양으로 만들어서 성형작약탄이라고 부르기도 하고 천공고폭탄이라고도 한다.

또한 전차의 장갑을 관통하는 것이 일차적 목적이기는 하지만, 다목적 고폭탄은 탄의 두께를 두껍게 만들어 파편 효과로 적 보병을 살상할 목적으로 사용한다.

먼로 효과는 렌즈로 빛을 모으는 것과 비슷하기 때문에, 초점이 빗나가면(탄두 지름의 5~8배 쯤 벗어나면) 관통력이 약해진다. 따라서 장갑판에서 수십 cm 떨어뜨려서 또 하나의 철판을 두어 장갑을 이중으로 만들면(spaced armour: 중공장갑) 전차의 방어 효과는 꽤 높아진다.

그림 1 **64식 대전차 고폭탄의 단면도**

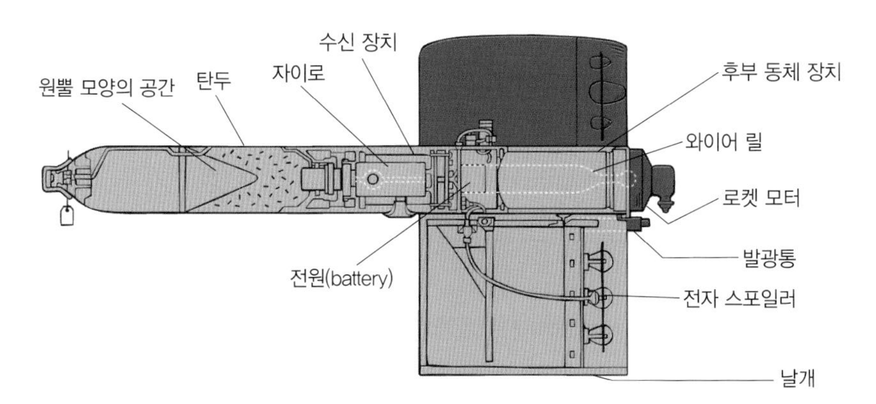

그림처럼 대전차 고폭탄은 작약부에 원뿔 모양의 공간을 지닌다.

그림 2 **이중 장갑에는 약한 천공고폭탄**

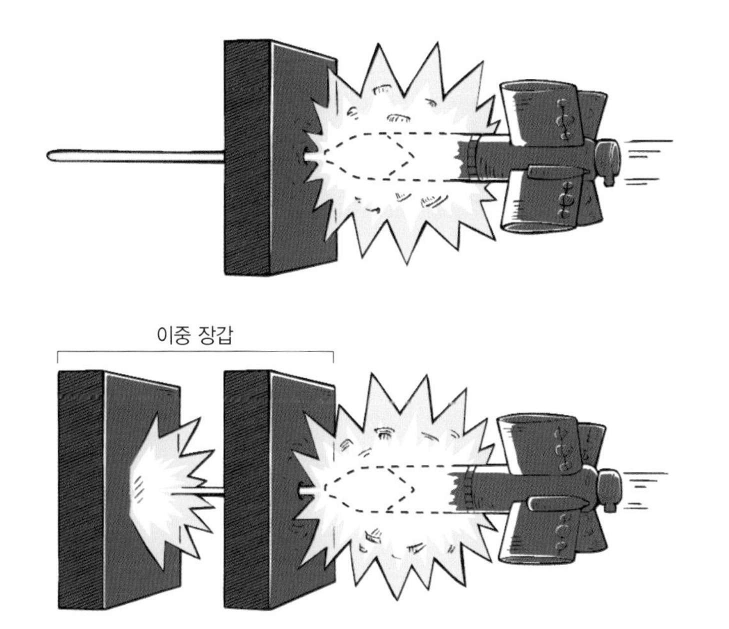

성형작약이 폭발하면 에너지가 한 점에 집중되어서 두꺼운 장갑에 녹아들듯이 구멍을 뚫지만, 이중 장갑에는 효력이 약해진다.

자기단조탄
– 탄환을 만들어서 표적을 관통하는 탄

자기단조탄은 '일종의 성형작약탄'이라고도 할 수 있지만, 먼로 효과를 노린 원뿔 모양의 공간을 지니는 대전차 고폭탄과 달리 얇은 접시 모양의 금속판(liner)을 장착한다.

작약이 폭발(detonation)하면 금속 라이너가 탄환 관통 탄두로 변해서 초속 2,500~3,000 m로 가속된다. 초속 약 8,000 m나 되는 먼로 효과의 분류(噴流)에 비하면 속도는 느리지만, 고체 상태의 금속이기 때문에, 탄두 지름의 수백 배에서 1,000배나 되는 거리까지 관통력을 발휘한다. 따라서 중공장갑에도 효과가 있다.

그러므로 표적에 직접 부딪히지 않고 표적 가까이에서 폭발시켜도 장갑을 관통할 수 있다. 그러나 먼로 효과는 탄두 지름의 5~8배의 관통력을 발휘하는 데 비해, 자기단조탄은 탄두 지름과 비슷한 정도밖에 되지 않는다. 이는 전차의 정면장갑을 꿰뚫기에는 부족하다. 그래서 장갑이 얇은 전차 윗면을 노린다. 이를 톱 어택(top attack)이라고 한다.

CBU-97 클러스터 폭탄의 자탄 BLU-108을 예로 들 수 있다. 이 탄은 표적에 명중해서 폭발하는 것이 아니라, 공중에서 표적의 엔진 열이나 표적의 형상을 감지해서 그 방향으로 관통 탄두를 발사하는 메커니즘으로 파괴력을 발휘한다.

그림 1 **자기단조탄의 구조**

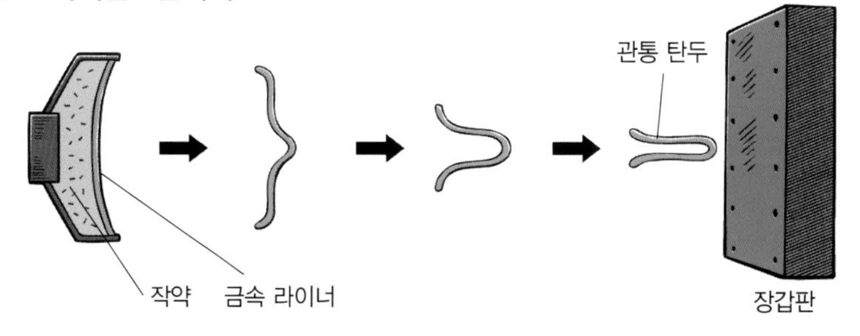

그림 2 **클러스터 폭탄에 의한 톱 어택**

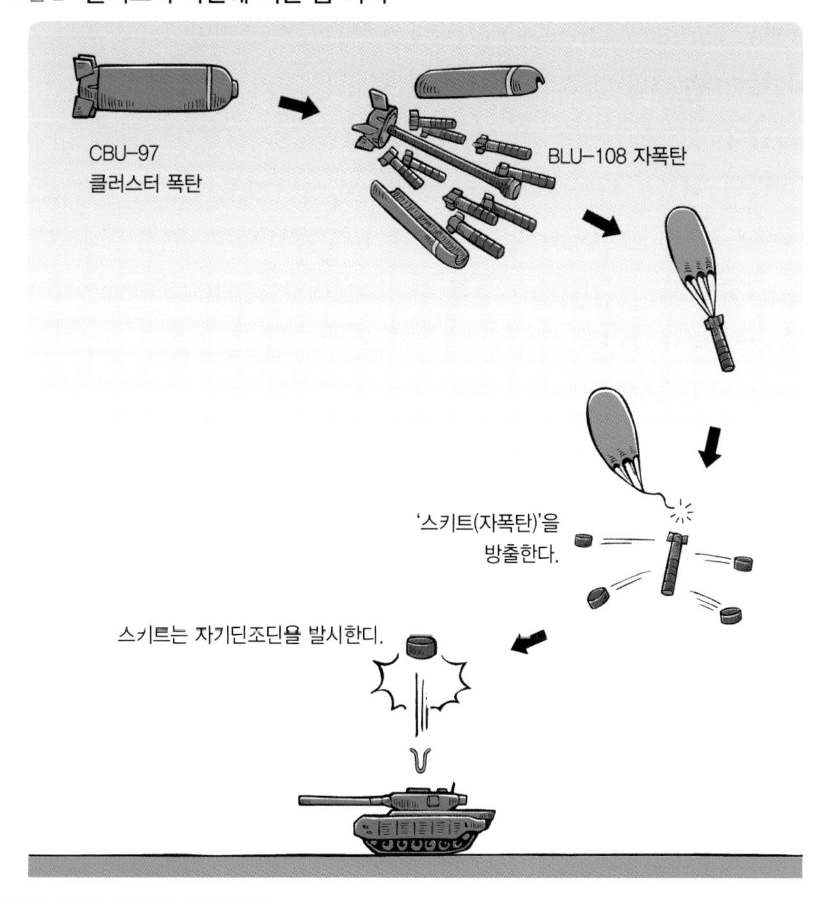

장갑이 얇은 전차 윗면을 노린다.

클러스터탄

– 자탄이 있으면 클러스터탄이다

클러스터탄은 1개의 탄두에 수많은 자탄이 들어 있는 폭탄이다. 파편조정탄처럼 폭발하지 않는 탄환을 흩뿌리는 것은 이에 해당하지 않는다. 폭발하는 자탄을 흩뿌리는 것을 일컫는다. 미사일의 탄두에만 한정되지 않고, 항공기에서 투하하는 폭탄이든 야포에서 발사하는 포탄이든 표적 상공에서 내장된 자폭탄을 흩뿌리는 탄을 모두 클러스터탄이라고 한다. 제2차 세계대전부터 항공기에서 투하할 수 있는 클러스터탄을 만들어서 사용하였다.

미국의 M270 다연장로켓 시스템의 M26 로켓탄이 클러스터 탄두이다. 사정거리 32 km의 이 로켓탄은 644발의 M77 자탄을 내장하여 200 m × 100 m의 지역을 제압할 수 있다. 러시아는 BM–30(12연 300 mm 로켓탄 발사 시스템)을 활용하는데, 매우 다양한 탄두를 운용한다. 9M55K 클러스터탄은 1.75 kg의 자탄 72발을 집속하고 있다.

중국도 03식 300 mm 12연 로켓 발사기를 운용하고 있고, 클러스터 탄두를 운용할 수 있는 각종 지대지 로켓 시스템을 수출하고 있다. 예를 들어, 터키의 T–300 302 mm 4연장 로켓은 중국의 WS–1을 라이선스 생산한 것으로, 이 클러스터탄은 221 g의 자탄 475개를 내장한다. 이런 클러스터 탄두의 지대지 미사일은 클러스터탄 금지 조약이 존재함에도 불구하고 전 세계로 확산되고 있다. (역자 주: 클러스트탄을 일본은 '집속탄'이라 하고 한국은 '확산탄'이라고 한다.)

중국군의 03식 300 mm 다연장로켓. 1발의 로켓탄이 623개의 작은 탄을 흩뿌리는 클러스터탄이다.

그림 **클러스터탄의 개요**

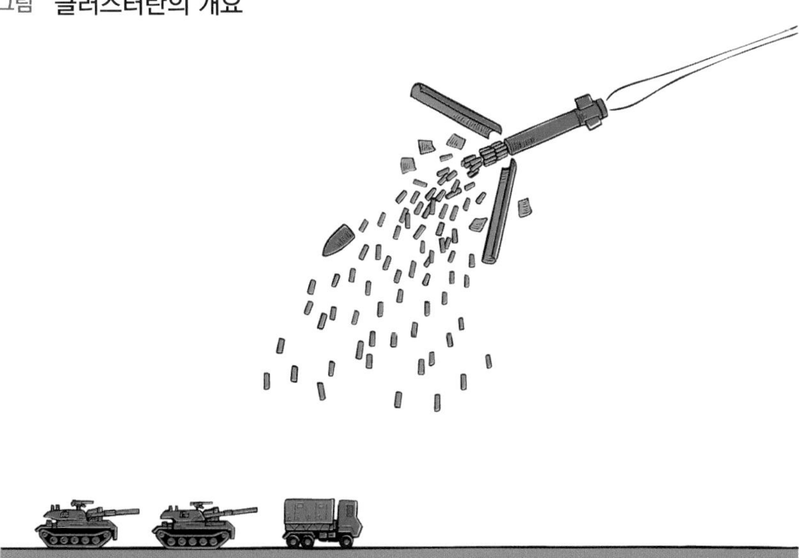

1개의 탄두 안에 폭발하는 수많은 자탄이 들어 있는 것을 클러스터탄이라고 한다.

열압력탄

– 일반적인 폭약의 10배에 달하는 위력

동일한 무게의 트라이나이트로톨루엔(TNT, TriNitroToluene) 등의 폭약류가 폭발해서 방출하는 에너지와, 가솔린이나 프로판 가스가 연소하여 나오는 에너지를 비교하면 가솔린이나 프로판 가스가 폭약의 10배 정도 더 큰 에너지를 방출한다.

그러나 가솔린을 태워도 바위를 깨뜨릴 수 없는 반면, 폭약은 바위를 깨뜨릴 수 있다. 폭약은 수만 분의 1초의 반응이고, 가솔린의 폭발은 수십 분의 1초 정도의 반응이므로, 물체에 전달되는 충격의 속도에 현격한 차이가 나타난다.

만약 전차나 진지를 파괴하려는 것이 아니라, 일반적인 건물이나 뿔뿔이 흩어져 있는 지상의 병사들을 살상하고자 한다면 가스폭발이 더 효과적이다. 그래서 폭약이 아닌, 예를 들면 산화에틸렌이나 산화프로필렌 혹은 마그네슘이나 알루미늄 분말 등 가연성 물질을 공기와 적당하게 섞어 흩날린 후 소량의 폭약으로 점화하면, 강렬하게 연소하여 폭발 반응이 일어난다. 이와 같은 폭발적 반응을 폭탄으로 응용하는 것을 열기화폭탄(FAE, Fuel Air Explosive) 또는 연료공기혼합탄이라고 한다.

그런데 항공기로는 열압력 폭탄을 운용하지만, 협의의 '유도탄' 중에는 이를 운용하는 경우는 거의 없다. 왜냐하면 열압력 폭탄은 넓은 범위의 가벼운 표적(Soft Target)을 공격하는 것을 목적으로 하기에, 미사일과 같은 정도의 공격정밀도를 필요로 하지 않기 때문이다.

중국의 CS/BBF형 열압력 폭탄(250 kg).

러시아의 이스칸데르 미사일은 클러스터탄 외에 지중관철탄(지하관통탄)이나 전자펄스탄(EMP) 및 열압력 탄두도 있는 듯하다. NATO 코드명은 SS-26 스톤이다. 고체연료로 추진하는 차량 탑재식 미사일로, 최대 사정거리는 400 km이다. 사진 제공: AFP = 지지통신

화학탄
– 독가스는 사실 액체

화학탄은 쉽게 말하면 독가스탄이다. '독가스'라는 명칭을 지니고 있기는 하지만, 무기로 사용되는 대부분의 화학작용제는 상온에서 액체다. 이런 유독 액체를 적의 머리 위에서 안개처럼 살포하는 것이다. 제1차 세계대전 초기에는 염소 가스를 바람에 날린 적도 있는데, 현대에는 그런 비효율적인 작전을 펼치지 않는다. 특히 미사일은 값이 비싼 데 비해 탄두에 싣는 중량이 매우 적기 때문에, 소량으로도 살상력이 높은 사린이나 VX 같은 유독 화학작용제를 운용할 때에 큰 효과를 볼 수 있다.

그런데 제1차 세계대전에서 독가스를 사용해본 결과, '독가스를 서로 사용하면 작전상 오히려 좋지 않다'는 인식이 퍼져서 제2차 세계대전이나 그 후의 전쟁에서 독가스는 사용된 적이 거의 없다.

가끔 독가스가 사용되었다는 뉴스가 들리지만, 이는 반정부 게릴라처럼 독가스를 사용해도 독가스로 반격당할 우려가 없는 적에 대하여 사용하는 경우이다. 그런 경우에는 미사일과 같은 장비를 사용할 필요가 없이 항공기에서 농약을 살포하듯이 뿌리는 것이 효과적이다.

이라크의 후세인 대통령은 쿠르드인의 반란을 진압하는 데 독가스를 사용한 적이 있으므로, 걸프 전쟁 때 '스커드 미사일에 독가스를 싣고 쏘지 않을까' 하는 우려가 있었지만 결국 독가스는 사용하지 않았다. 상대방인 미국이 최신 무기를 지니고 있는 나라이므로 역시 보복이 두려웠을 것이다. 현재는 북한을 제외한 거의 모든 나라가 화학무기 금지조약에 조인해서 더 이상 화학 무기를 장비하지 않게 되었다.

표 각종 독가스의 특징

	명칭(기호)	20 ℃에서의 상태	냄새	반수 치사량 (mg/m³/분)*
미란제	정제 머스터드(HD)	무색 또는 옅은 황색의 액체	마늘 냄새	1,500
	질소 머스터드(HN)	어두운 색 액체	생선 또는 곰팡이 냄새	1,500
	루이사이트(L)	갈색~흑색 유상 액체	제라늄 꽃 냄새	1,200
	포스겐 옥심(CX)	백색 분말	자극적인 냄새	1,500
신경제	타분(GA)	무색 또는 갈색의 액체	무취	400
	사린(GB)	무색의 액체	무취	100
	소만(GD)	무색의 액체	과일 냄새	50
	VX	무색의 액체	무취	10
질식제	포스겐(CG)	무색의 액체	건초 냄새	3,200
	디포스겐(DP)	무색의 액체	건초 냄새	3,200
혈액제	청산(AC)	무색의 액체 또는 기체	복숭아 씨 냄새	2,600
	염화시안(CK)	무색의 액체	복숭아 씨 냄새	11,000

※ 예를 들어, 1 m³의 공기 속에 1,500 mg의 정제 머스터드가 있는 공간에 1분 동안 머물면 50%가 사망하는 양을 말한다.

일본 육상자위대의 화학 방호차. 공기 정화 장치가 장착되어 있어서 낙진(핵폭발 후에 지상으로 떨어지는 방사성 낙하물)이나 유독 가스 등에 오염된 지역에서도 승무원은 방독 마스크를 쓰지 않고 자유롭게 활동할 수 있다. 사진 제공: 일본 육상자위대

전자기 펄스탄
– 사람을 죽이지 않고 전자기기만 파괴한다

EMP는 'Electro Magnetic Pulse'의 약자로, 전자기 펄스를 뜻한다. 강력한 전자기 펄스를 발생시키는 장치나 폭탄으로 적의 전자기기를 파괴하여 작전 능력을 마비시키는 것이 EMP 탄이다.

1958년에 미국이 태평양 중부의 존스턴 섬 상공 약 76 km에서 핵탄두를 폭발시켰을 때 약 1,500 km 떨어진 하와이에서 오로라 같은 빛이 몇 분 동안 보였다. 동시에 가정이나 공장의 퓨즈가 끊어져서 하와이 전체가 정전되고 화재경보기가 오작동되는 등의 사태가 벌어졌다. 핵폭발로 발생한 전자펄스의 영향이었다.

그 시절은 아직 컴퓨터, 휴대전화, 자동차 내비게이션이 없었고, 자동차 엔진도 컴퓨터로 제어되던 때도 아니었다. 하지만 현대에 그런 일이 발생하면 큰 혼란이 벌어질 것이다. 그 이후 핵폭발에 의한 EMP 효과의 전략적 사용을 연구하기 시작했다.

국지전의 경우 고고도에서 폭발시켜서 사람을 직접 살상하지는 않더라도 피해범위가 너무 넓고 부차적 파괴가 너무 심각해져서 핵무기를 사용하기에는 매우 망설여지는 일이다. 이 때문에 핵폭탄 이외의 수단으로 EMP 효과를 얻을 수 있는 폭탄의 연구가 진행되었다. 핵이 아니면 효과반경이 매우 좁아져서(수백 m 정도) 적의 사령부에 떨어뜨리면 효과를 극대화할 수 있다. 미국은 이를 완성시킨 것으로 알려졌는데, 이라크 전쟁이 발발했을 때 사용할 조짐이 보였지만 결국 실전에서는 사용하지 않았다.

1958년 8월 1일에 미국이 존스턴 섬에서 실시한 고고도 핵실험(하드택 I 작전, 실험명 티크). 전자펄스로 탄도탄을 요격하는 실험이었다. 북한의 핵탄두는 도시를 파괴하고자 함이 아니고, 미국 사회의 기능을 마비시키려는 EMP 폭탄이라는 견해도 있다.

그림 비핵 EMP 폭탄의 개요도

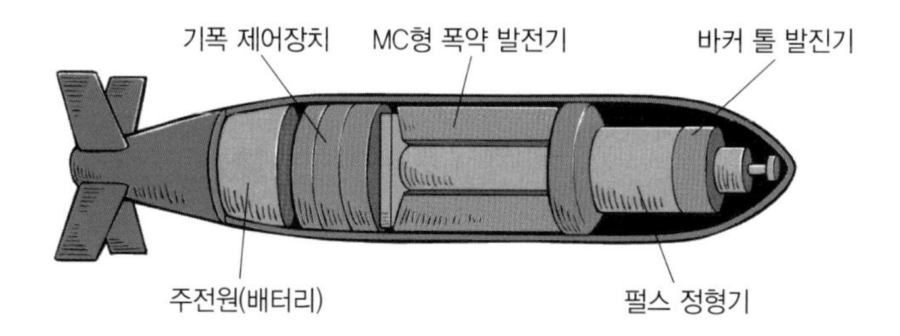

표 각 부위의 설명

주전원(배터리)	폭탄에 필요한 전원을 공급한다.
기폭 제어장치	주로 콘덴서로 구성되며 주전원에서 에너지를 공급한다. 고전압으로 콘덴서를 충전하고, MC형 폭약 발전기에 kA급 주전류를 공급한다.
MC형 폭약 발전기	인덕턴스로 구성된다. kA(kilo-Ampere)급 주전류를 흐르게 했을 때 폭약을 기폭하여 폭약의 에너지도 순간적으로 자기압축발전을 통해 MA(Mega-Ampere)급 전류를 얻을 수 있다.
펄스 정형기	개방 스위치와 변압기로 구성된다. 전기 에너지를 압축한다. MA급 전류를 100 GW(Giga-Watt)급 전력으로 변환한다.
바커 톨 발진기	100 GW급 전력을 10 GW급 전자파로 변환한다. 주파수는 1 GHz 이상.

참고: 아사히카세이 케미컬스

핵탄두
– '킬로톤'과 '메가톤'이란?

미사일에 장착하는 핵폭탄을 '핵탄두'라고 한다. 그렇다면 핵폭탄이란 무엇일까? 그 원리와 구조에 관해서는 제7장에서 살펴보기로 하고, 여기에서는 그 파괴력에 관해 대략적으로 살펴보자.

핵폭탄의 파괴력을 나타내는 데는 '100킬로톤(KT)'이나 '1메가톤(MT)'이라는 수치가 이용된다. 이는 그 핵폭탄이 **TNT 몇 톤 분량에 해당하는 폭발력을 지녔는지** 나타낸다. 앞에서 말했듯이 TNT는 트라이나이트로톨루엔의 약자다. 포탄이나 폭탄 등에 사용되는 군용 폭약에는 여러 가지가 있는데, TNT가 가장 널리 사용되므로 이를 기준으로 한 것이다.

'킬로'라는 것은 '1km = 1,000 m'인 것처럼 '천'이라는 뜻이다. '파괴력 1킬로톤'이라는 말은 'TNT 폭약 1,000톤에 해당하는 파괴력'이라는 의미가 된다. 이와 마찬가지로 '100킬로톤'은 '10만 톤'이 된다. '메가'라는 말은 '백만'이라는 뜻이다. 따라서 '폭발력 10메가톤'은 TNT 폭약 1,000만 톤에 해당하는 폭발력이다.

구체적으로 그것이 어느 정도의 위력인지 설명한다. 1메가톤의 핵폭탄이 지표에 가까운 공중에서 폭발했을 때 **지면에 깊이 약 30 m, 반경 약 335 m의 구멍**이 생긴다(그래프 1). 1.2 km 이내에서 핵폭탄이 폭발하면 튼튼한 콘크리트 건물도 파괴된다(그래프 3). 일반적인 가옥은 2.4 km 이내에서 완전히 파괴되고, 9 km 이내에서 커다란 손상을 입으며, 유리창은 수십 km 거리에서도 날아간다.

그래프 1 **핵폭탄이 지상에서 폭발했을 때의 크레이터 크기**

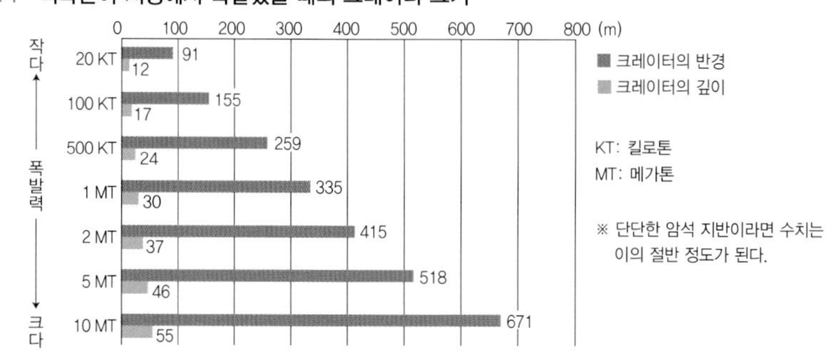

그래프 2 **지표 핵폭발로 철교가 붕괴되는 거리**

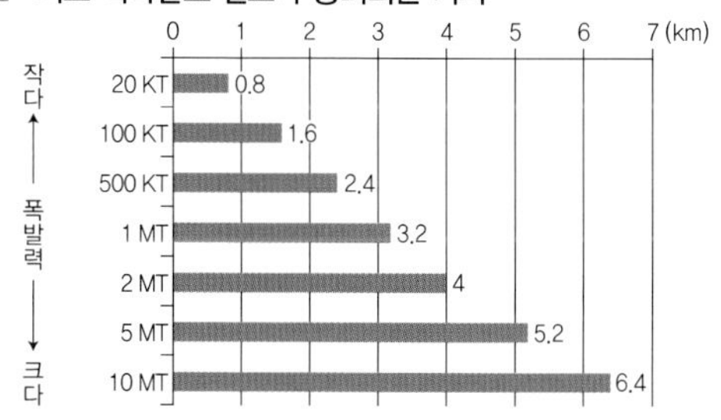

그래프 3 **지표 핵폭발로 콘크리트 구조물이 붕괴되는 거리**

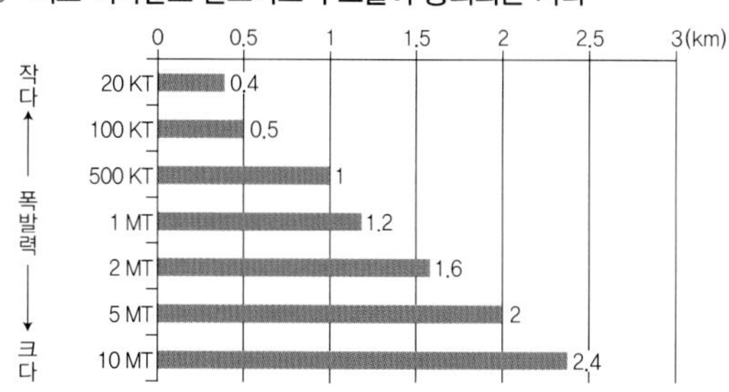

그래프 4 **지상 핵폭발로 자동차가 지면에서 떠오를 정도의 폭풍을 받는 거리**

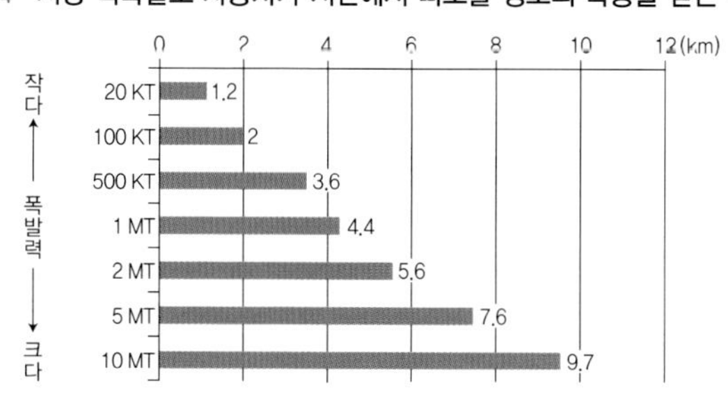

출처: 영국 내무부, 『핵무기와 그 방위 공학』(1979)

COLUMN 4

부스터의 역할

미사일은 추진력이 있어서, 자력으로 비행할 수 있다. 하지만 처음에 발사될 때의 가속도는 충분하지 않으므로 속력이 붙기 전에 지면으로 추락할 우려가 있다. 그래서 힘차게 발사하기 위해 미사일 본체와 별개의 장치로 작은 로켓 엔진을 장착하기도 한다. 이것을 **부스터**라고 한다.

전형적인 예로는 잠수함에서 발사하는 **대함 미사일**을 들 수 있다. 대함 미사일은 어뢰 발사관에서 압축공기로 사출하여 수면으로 나온 후 부스터로 공중으로 쏘아 올려 공중에서 미사일 본체의 엔진을 점화한다.

항공기와 함선을 가리지 않고 발사할 수 있는 미사일이 몇 종류 있는데, 항공기에서 발사하는 경우에는 부스터를 이용하지 않아도 된다. 따라서 항공기 발사형 미사일은 짧고 가벼워진다. 예를 들어 하푼의 함선 발사형 미사일은 전체 길이가 4.63 m지만, 항공기 발사형 미사일은 부스터가 없는 만큼 짧아져서 전체 길이가 3.85 m다.

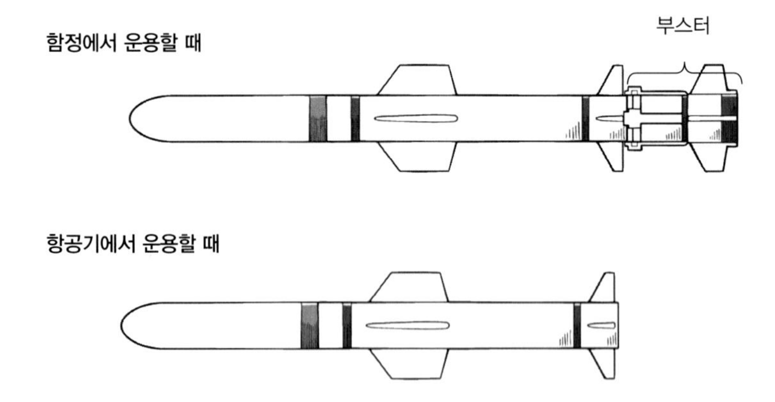

항공기 발사형은 부스터가 없는 만큼 전체 길이가 짧다.

제 5 장

전술 미사일로부터 살아남기

Tactical Missile Defense

플레어를 방출하는 러시아의 Su-27.

위장
– 발견되지 않으면 표적이 되지 않는다

미사일의 위협으로부터 살아남기 위한 가장 효과적인 방법은 '애초에 표적이 되지 않는 것'이다. 핵미사일의 경우에는 그 파괴력이 굉장히 크고 광대하기 때문에 '핵무기를 서로 날리면 함께 죽는다'는 인식이 핵무기 사용을 주저하게 만든다. 즉 '상대방으로 하여금 미사일을 쏘지 않게 만드는 것'이 중요하다. 여기에서는 핵무기가 아니라 전술 미사일에 관해 논한다.

전투지역에서 적으로부터 미사일 공격을 받지 않는 가장 좋은 방법은 발견되지 않는 것이다. 스텔스기는 하늘에서 레이다에 잘 잡히지 않도록 개발된 항공기다. 지상 부대는 위장을 통해 적에게 발견되지 않도록 할 수 있다.

간단한 방법은 위장 무늬를 도색하는 것이다. 이는 차량 등의 장비를 배경색에 비해 두드러지지 않도록 녹색이나 갈색 등의 얼룩무늬로 칠을 하는 방법이다. 하지만 적외선 카메라로 쉽게 발각될 수도 있다. 육안으로는 살아 있는 초목과 도료가 똑같은 녹색으로 보이지만, 반사되는 적외선의 파장은 서로 다르기 때문이다.

그래서 최근의 위장 도료는 살아 있는 초목과 똑같은 파장의 적외선을 반사하도록 만든다. 그러나 예산이 넉넉하지 못한 일본 자위대에서는 그런 도료를 매우 한정된 일부 장비에만 사용한다.

초목이 있는 지상에서 가장 좋은 위장법은 풀과 나뭇가지를 몸에 두르고 풀숲에 몸을 숨기는 것이다. 그러나 잘린 초목은 금방 시들기 때문에 항상 새로운 풀과 나뭇가지로 교체해야 한다. 살아 있는 초목과 동일한 적외선 반응을 보이면서 나뭇잎처럼 팔랑거리는 그물 모양의 위장망도 보급되었다.

위장 무늬 도색만으로는 적외선 카메라를 속이지 못한다. 따라서 실제 초목으로 위장을 해야 한다.

이 위장망은 초목과 동일한 파장의 적외선을 반사한다.

디코이를 사용한다

– 아주 예전부터 존재했던 기만 수단이지만……

디코이(decoy)는 사냥(특히 오리 사냥)을 할 때 사용하는 '모형 새'를 말한다. 모형 새를 놓아두면 새가 '저곳에 동료가 있다'고 착각해서 가까이 다가오는데, 이때를 틈타 그 새를 잡는 사냥법이다. 여기에서 유래해서 적을 속이기 위해 만든 모형을 군사 용어로 디코이라고 부르게 되었다. 가마쿠라 시대 말기 구스노키 마사시게가 밀짚 인형으로 디코이를 만들었다는 이야기가 있는 것처럼 옛날부터 디코이의 개념은 존재했지만, 본격적으로 사용된 것은 제2차 세계대전 이후다.

일반적으로 전차, 대포, 비행기 등의 모형을 목재, 플라스틱, 비닐, 헝겊 등으로 만든다. 쉽게 부풀려 배치할 수 있도록 풍선으로 만드는 디코이도 있다. 실제 전차와 똑같이 엔진실에서 열을 발산하는 디코이도 있다.

겉모습뿐 아니라 전파나 음파로 적을 속이는 디코이도 있다. 예를 들어 공중에서 발사하여 항공기와 유사한 반사신호를 보내서 적의 레이다나 미사일을 속이는 디코이도 있다. 수상 함정이나 잠수함에서는 진짜 함정과 동일한 소리를 내서 적을 속이는 어뢰형, 부유형, 예항식 디코이도 사용한다. 탄도미사일 발사대 형상의 디코이도 있는데, 이는 진짜 기지와 별반 다르지 않을 만큼 대대적인 공사를 해서 만든다.

탄도미사일의 탄두에도 디코이가 있다. 탄도미사일이 탄도의 정점에서 탄두를 방출할 때 디코이 탄두를 잔뜩 방출해서 레이다나 요격 미사일을 속인다. 이는 풍선처럼 생긴 디코이인데, 그 주변의 고도에서는 공기 저항이 없으므로 가벼운 디코이도 실제 탄두와 동일한 속도로 낙하하기 때문에 식별하기가 쉽지 않다.

공중 발사형 디코이의 모형. 순항 미사일과 비슷한 외관이며 전체 길이 115인치(약 290 cm), 너비 60 인치(약 150 cm), 지름 8인치(약 20 cm)다. 중량은 200파운드(약 91 kg)로, 전투기와 폭격기에서 사출할 수 있다.
사진 제공: 미국 공군

예항 디코이 SLQ-25/25A 닉시. 사진은 대어뢰전 훈련 중인 항공모함 '니미츠'가 디코이를 예항하려는 장면.
사진 제공: 미국 해군

연막

– 적외선이 통과하기 힘든 연막도 있다

적의 표적이 되지 않도록 연막을 치는 방법은 예전부터 사용되어왔다. 경유(가솔린은 안 된다) 등의 기름을 가열하면 연기가 나기 때문에, 에어쇼에서 항공기가 경유와 같은 기름을 고온의 엔진 배기에 분사하면 꼬리가 연기를 내뿜게 된다.

함정의 경우에는 배기관에 연료를 분사해서 연막을 만드는 방법은 제2차 세계대전 때부터 사용되었다. 또한 냉전 시대에 소련군은 전차에서 이 방법을 사용했고, 일본도 이를 모방해서 74식 전차에 그러한 발연 장치를 장착했다. 그러나 '미사일이 날아오기 시작한 후에 연기를 모락모락 피우기 시작하면' 이미 때는 늦다. 따라서 순식간에 커다란 연기 덩어리를 만들어낼 필요가 있다.

이러한 이유로 전차는 황린/백린 발연탄 발사기를 장착한다. 일반적인 발연통은 육염화에탄 등을 발연재로 사용하는데, 이것으로는 연기를 피우는 데 시간이 걸린다. 그러나 황린/백린을 소량의 폭약으로 안개처럼 흩뿌리면 공기 중의 수분과 반응해서 순식간에 연기 덩어리를 만들 수 있다.

이에 대항하기 위해 일본의 01식 경대전차 유도탄이나 미국의 FGM-148 재블린은 적외선 영상유도 방식을 채택했다. 적외선은 안개나 연기를 통과한다. 따라서 전차가 연막을 치더라도 전차가 내뿜는 적외선을 포착하면 그 위치를 파악할 수 있다. 미사일은 적외선을 내뿜는 열원을 향해 날아가게 된다.

하지만 최근에는 적외선을 통과시키지 않는 적린을 사용해서 연막을 치는 발연탄도 개발되었다.

군함의 배기관에 연료를 안개처럼 분사해서 연막을 치는 방법은 예전부터 사용되었다. 사진은 일본 제국해군의 구축함 '시마카제'.
사진 제공: 위키피디아

전차의 포탑 옆에는 발연탄 발사기가 장착되어 있다. 사진은 74식 전차다. 배기관에 연료를 분사해서 연막을 치는 전차도 있다.

히가시후지 훈련장에서 실시된 후지 종합화력훈련에서 일제히 연막을 사용하는 장면.

채프
– 전파의 연막

군함이나 비행기를 노리는 미사일은 레이다 전파의 반사방향이나 엔진이 내뿜는 열선을 향해 날아간다. 그래서 알루미늄박을 잔뜩 흩뿌려서 전파를 교란하기도 한다. 알루미늄은 전파를 매우 잘 반사하므로 전파의 연막이 될 수 있기 때문이다. 이를 채프(chaff)라고 한다.

필자는 일본 항공자위대가 훈련을 하면서 채프를 사용했을 때 기상 레이다에 구름 같은 영상이 비치는 모습을 직접 본 적이 있다. 제2차 세계대전 때는 레이다를 교란하기 위해 채프를 손으로 뿌리기도 했는데, 현대에는 채프 살포 장치로 채프를 방출한다.

다음 페이지의 위 사진은 헬리콥터의 테일 붐에 장착하는 채프/플레어 디스펜서인데, 채프와 플레어 중 하나를 골라 채워 넣을 수 있다. 군함의 경우에는 함정보다 큰 채프 구름을 만들어야 하고 함정에서 어느 정도 떨어진 곳에 채프를 뿌려야 하기 때문에, 다음 사진과 같은 채프 로켓 발사기를 운용하기도 한다.

현대의 채프는 단순한 알루미늄박이 아니라, 플라스틱 필름이나 유리섬유에 알루미늄을 코팅한 것이 주류가 되었다. 채프는 전파의 파장에 맞추어 사용하여야 효과가 크므로, 가상 적국의 레이다나 미사일의 주파수를 전쟁 전에 조사해두는 것이 중요하다. 또한 전자전기에서는 수신한 적 레이다의 전파에 따라 채프를 잘라서 방출하는 방법도 활용한다. (역자 주: 채프의 길이는 적이 사용하는 전파의 파장 절반이 적당하다.)

헬리콥터의 테일 붐에 장착하는 M130 채프/플레어 디스펜서.

함정에 탑재된 채프 로켓탄 발사기.

플레어
– 열선 탐지에 대한 눈속임

항공기에서 발산하는 열기(적외선)를 쫓아 날아가는 적외선 호밍 방식의 미사일 발열탄(플레어)으로 기만하는 경우도 있다. 초기의 적외선 호밍은 감도가 낮았기 때문에 비행기를 뒤에서 추적해야 했지만, 점점 감도가 개선되어 기체 표면의 온도를 감지할 수 있게 되면서 항공기의 측면이나 전면으로 추적해도 호밍할 수 있게 되었다.

미사일이 적외선(열)을 추적하기 때문에 '미사일이 날아오는 것을 보고(거대한 열원인) 태양 방향으로 도망치다가 갑자기 선회하면 미사일은 태양 쪽을 향해 계속 날아가게 된다'는 이야기도 있고 실제로 효과를 봤다는 사례도 여럿 있다. 그러나 태양이 항상 도망치기 좋은 방향에 있을 것이라는 보장이 없으며, 밤에는 태양이 아예 뜨지도 않는다.

그래서 '불꽃과 같은 열원으로 미사일을 속이는' 플레어가 등장했다. 플레어는 에어쇼를 할 때 전투기에서 방출해서 보여주기도 한다. 특히 러시아의 곡예비행대는 플레어를 성대하게 사용하는 것으로 유명하다.

적외선 호밍은 단순히 열원만 쫓아가는 것에 그치지 않고, 항공기처럼 생긴 모습의 열 덩어리를 쫓아가는 영상 호밍으로 발전하고 있다. 이에 대응해서 플레어도 점 모양이 아니라 '열의 연막'처럼 넓게 퍼뜨리는 형태도 등장했다. 또한 항공기가 되도록이면 태양 등의 적외선을 반사하지 않도록 적외선 저반사 도료를 칠하는 방법도 일반화되었다.

러시아 공군의 곡예비행 팀 '루스키예 비탸지'가 적외선 호밍 미사일을 속이기 위한 플레어를 흩뿌리고 있다.

현대의 군용기에는 적외선 저반사 도료를 칠한다. 사진은 러시아 공군의 Su-30.

기동해서 회피한다
– 성공할 가능성이 아예 없지는 않다

초기의 대공 미사일은 전투기가 재빨리 선회해서 피할 수도 있었다. 그러나 현재는 미사일의 기동성이 향상되어 미사일이 전투기보다 더 빠르게 선회할 수 있기 때문에 기동만으로 전투기가 미사일을 피하기는 힘들다. 그런 재빠른 미사일을 피하기 위해 이리저리 기동을 하다 보면 조종사의 몸이 견딜 수 없게 된다.

함선 역시 미사일에 비해 속도가 훨씬 느리므로 미사일을 피한다는 것은 거의 불가능하다. 하지만 실크웜 같은 구식 미사일이라면, 미사일이 오는 방향으로 함수를 마주 대하게 놓고 지그재그로 항진하면 미사일을 피할 가능성이 아예 없지는 않다.

전차도 대전차 지그재그로 기동함으로써 미사일을 피할 가능성을 높인다. 또한 유선유도든 레이저유도든 인간이 유도하는 방식일 경우에는 대전차 미사일의 발사 지점으로 여겨지는 곳을 향해 포격이나 총격을 가해서 상대방에게 공포심을 유발하여 미사일은 유도하지 못하게 할 가능성도 있다.

탄도미사일의 이동식 발사대도 이동을 함으로써 살아남는 방법이 가능하다. 탄도미사일의 발사대는 인공위성 정찰사진 등으로 그 위치가 알려져 있기 때문에 선제공격으로 파괴될 우려가 있다. 그래서 커다란 차량(혹은 철도)에 미사일을 실어 날마다 미사일 발사 위치를 이동함으로써 상대방으로 하여금 '지금 이동식 미사일 발사대가 어디 있는지' 알 수 없게 만들어 선제공격으로 파괴당하지 않도록 하는 것이 현대전의 상식이다.

현대의 전차는 높은 기동력으로 대전차 미사일을 회피할 가능성이 있다. 사진은 일본 육상자위대의 10식 전차.

러시아의 차량 이동식 중거리 탄도미사일 SS-20.

전차의 중공장갑
– 먼로 효과를 감쇄하는 중공장갑과 폭발반응장갑

대전차 고폭탄은 렌즈로 빛을 모으는 것과 같은 먼로 효과로 폭발 에너지를 한 점에 집중시켜서 전차의 장갑에 구멍을 뚫는다. 렌즈로 빛을 모으는 원리와 같기 때문에 그 초점을 어긋나게 하면 효과는 약해진다.

그래서 장갑을 이중으로 만들어 미사일을 바깥쪽 장갑에서 폭발시킨다. 이를 중공장갑(spaced armour)이라고 한다. 다음 페이지의 위 사진은 '구식 전차의 포탑 옆에 공간을 마련하고 또 하나의 철판을 덧붙인' 간이 중공장갑이다.

차체의 구조와 일체화된 중공장갑의 경우에는 단순한 공간이 아니라, 물이나 연료로 채우는 공간으로 이용하는 경우도 있다. 다음 페이지의 가운데 사진은 러시아의 BMP 보병전투차를 비스듬히 뒤쪽에서 바라본 모습으로, 차체 뒷부분의 문은 연료 탱크이고 이것이 대전차 고폭탄에 대한 중공장갑의 역할을 하기도 한다. '탄이 연료에 맞으면 화재가 발생하지 않을까' 하고 걱정될지도 모르지만, 디젤 연료는 화재가 잘 발생하지 않으므로 여기에 대전차 고폭탄을 맞아도 연막 같은 하얀 연기만 뭉게뭉게 피어오를 뿐 불타지는 않는다.

다음 페이지의 아래 사진처럼 폭약을 채운 상자를 차체의 바깥쪽에 잔뜩 부착한 전차의 모습도 볼 수 있다. 대전차 고폭탄이 명중하면 상자가 폭발하고, 그것이 대전차 고폭탄의 분사류를 흩트려서 위력을 약하게 만든다. 이는 폭발반응장갑(reactive armour)이라고 부른다. 이에 대응하기 위해 미사일의 탄두를 이중 탄두로 만든 탠덤 탄두도 등장했다.

구식 전차의 포탑에 철판을 부착한 간이형 중공장갑.

BMP의 뒷쪽 문은 연료탱크를 겸한 중공장갑이다.

폭약을 채운 상자를 차체에 잔뜩 부착한 폭발반응장갑.

미사일을 쏘아 떨어뜨린다

– 미사일이나 기관포로 쏘아 떨어뜨린다

'미사일은 무인 특공기와 같기 때문에 격추하면 그만이다'라는 생각이 있다. 실제로 군함의 경우에는 대함 미사일이 날아오면 활용할 수 있는 여러 가지 격추 수단을 갖추고 있다.

미사일까지의 거리가 약 100 km 정도이면 스탠더드 미사일(SM, Standard Missile) 같은 함대 방어 미사일을, 거리가 수십 km 정도가 되면 시 스패로(Sea Sparrow) 같은 개별 방어 미사일을, 그보다 더 가까워지면 127 mm나 76 mm 속사포를, 미사일이 1.5 km 이내로 다가오면 **CIWS**(Close In Weapon System)라는 기관포를 활용한다.

팰랭크스(Phalanx)는 구경 20 mm의 6개의 총신을 지닌 기관포인데, 매분 4,500발을 발사한다. 네덜란드의 골키퍼(goal keeper)는 구경 30 mm에 7개의 총신을 지녔고 매분 4,200발을 발사한다. 러시아도 구경 30 mm의 CIWS를 사용한다.

하지만 날아오는 미사일이 대형이라면 가까운 거리에서 20 mm나 30 mm의 탄이 명중하더라도 관성에 의해 함정으로 돌입해올 우려가 있다. 그래서 최근에는 **RAM**(Rolling Airframe Missile) 같은 근접 방어 미사일을 운용한다. 일본 해상자위대에서도 호위함 '이즈모'부터 장비하기 시작했다.

지상의 중요 표적을 방어하는 기관포도 CIWS와 비슷하다. 다음 페이지의 아래쪽 사진은 순항 미사일이나 공대지 미사일로부터 비행장을 보호하기 위한 **VADS**(Vulcan Air Defense System)라는 20 mm 기관포다. 지상에서 트럭으로 끌어 이동할 수 있는데, 함정에 싣는 팰랭크스와 유사하다.

날아오는 대함 미사일을 쏘아 떨어뜨리는 20 mm 기관포 팰랭크스.

호위함 '이즈모'의 근접 방어 미사일.

팰랭크스의 육상판인 VADS. 사진은 일본 항공자위대가 운용하는 것.

COLUMN 5

소프트 킬과 하드 킬

미사일의 공격에 대응하는 방법으로는 **소프트 킬**과 **하드 킬**이 있다. 소프트 킬은 '방해 전파 쏘기', '채프나 플레어 방출하기' 등 미사일의 유도기능을 교란하는 방법을 말한다. 이에 비해 하드 킬은 '미사일 격추하기', '레이저로 미사일의 시커를 달구어 끊기' 등 미사일의 하드웨어 자체를 파괴하는 방법을 말한다.

사진은 소프트 킬 장치 가운데 하나인데, 일본 자위대의 헬리콥터 UH-1J에 장착된 **적외선 재머**다. 이 장치에서 적외선 펄스를 방출해서 적외선 호밍 미사일의 시커를 속인다.

UH-1J의 적외선 재머. 이 장치는 전력을 꽤 많이 소비하기 때문에, 항공기의 전력을 증대하는 개조 작업이 필요하다.

제6장

탄도미사일 방어

Ballistic Missile Defense

일본 항공자위대가 운용하는 패트리엇 미사일의 위상 배열 레이더 AN/MPQ-53.

정찰위성으로 미사일 기지를 탐색한다
– 발사 순간은 탐지할 수 없지만……

적국의 미사일 기지는 어디에 있을까? 적이 가르쳐줄 리 만무하다. 냉전 시대에 미국은 소련에 정찰기를 침투시키는 위험한 작전도 벌였지만(실제로 격추당하기도 했다), 1959년 이후부터는 인공위성으로 지상의 사진을 찍었다.

그 결과, 소련에서 발행되는 지도에는 놀랍게도 도시의 위치가 실제보다 몇 km나 어긋나 있음이 밝혀졌다. 미국의 핵 공격을 피하기 위해 도시의 위치를 거짓으로 공표한 것이었다. 아무튼 인공위성에서 사진을 찍게 됨으로써 미사일 기지의 위치뿐 아니라, 다양한 정보를 얻을 수 있게 되었다.

이에 질세라 소련도 1961년부터 정찰위성을 쏘아 올렸다. 그 외의 국가는 미국과 소련보다 훨씬 늦었지만 프랑스를 비롯한 몇몇 국가들이 정찰위성을 쏘아 올렸고, 일본도 2003년부터 정보수집위성(IGS)을 운용하고 있다.

미사일 기지의 위치가 공공연히 알려지자 발사대를 이동식으로 바꾸어, '지금 현재 미사일이 어디에 있는지' 알 수 없도록 차량에 미사일을 싣고 돌아다니는 방식 또는 철도 이동식으로 바꾸기도 했다. 일본을 조준하는 중국의 준중거리 탄도미사일(MRBM)인 DF–21, 북한의 '로동'과 '무수단'도 차량 이동식이다. 러시아의 SS–24(RS–22)는 철도 이동식이다.

정찰위성은 지구 주위를 돌기 때문에 위성이 마침 미사일 기지 위를 지날 때 사진을 찍었을 뿐이다. '지금, 이 순간'에 그 미사일 기지가 어디로 이동했는지는 알 수 없다. 하물며 발사 순간을 알 도리는 더더욱 없다.

일본의 정보수집위성(IGS)의 CG. IGS는 분해능을 향상하거나 전력 부족을 해소하여 진보하였다.

사진 제공: ©p-island.com & S.Matsuura

중국의 준중거리 탄도미사일(MRBM) DF-21의 파생형인 대함 탄도미사일(ASBM) DF-21D와 이동식 발사대. 사진은 2015년 9월 3일에 텐안먼에서 열린 '항일전쟁 승리 70주년' 행사.

탄도미사일의 발사를 탐지한다

– 발사 순간을 탐지하려면 조기경보위성이 필요

지구는 둥글기 때문에 수평선 너머의 물체를 레이다로 포착하지 못한다. 먼 곳의 항공기는 어느 정도 높이 날아올라야 레이다로 탐지할 수 있다. 탄도미사일은 그 탄도의 정점이 약 1,000 km나 되므로 꽤 멀리 떨어진 곳에서도 레이다로 탐지할 수 있다. 하지만 레이다로는 미사일을 발사하는 순간까지 탐지할 수는 없다. 또한 앞에서 설명했듯이, 정찰위성은 끊임없이 움직이므로 미사일 발사 순간에 그 상공을 지나가고 있지 않는 한 발사 순간을 탐지할 수 없다.

그러한 이유로 미사일의 발사 순간을 파악하기 위해 조기경보위성을 운용한다. 미국의 조기경보위성은 **DSP 위성**(Defense Support Program Satellite)이라고 부른다. 매우 막연한 이름인데, 이는 미국이 이 위성의 목적을 비밀로 하기 위해 구체적인 이름을 짓지 않았기 때문이다.

이 위성은 고도 36,000 km의 정지 궤도상에 3개를 배치하여, 탄도미사일을 발사할 때 나오는 열(적외선)을 탐지한다. 커다란 적외선 덩어리를 탐지할 수 있기 때문에 화산 분화나 산불도 탐지한다. 산불이나 화산 분화는 움직이지 않지만, 미사일은 고속으로 이동하기 때문에 미사일을 쉽게 판별할 수 있다.

미국은 이 DSP를 우주 적외선 시스템(SBIRS, Space-Based InfraRed System)으로 갱신하는 중이다. 러시아도 조기경보위성을 운용하고 있지만, 재정난 때문에 새로운 시스템으로 갱신하지 못하고 있다. 프랑스는 이 시스템의 도입을 진행하고 있다. 중국은 잘 알려진 바는 없지만 아마도 보유하고 있지 않은 듯하다. 일본은 아직 구상 단계에 머물러 있다.

그림 **조기경보위성의 개요**

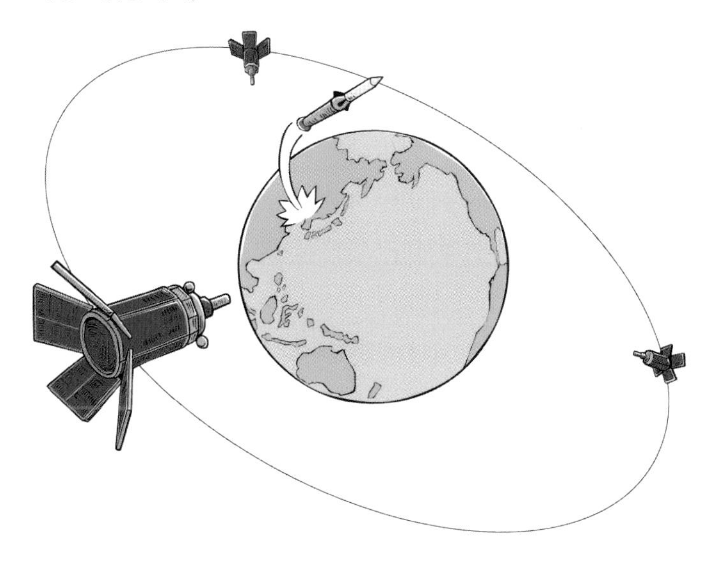

조기경보위성은 적도 상공 36,000 km의 정지 궤도상에서 탄도미사일의 발사를 감시한다.

탄도미사일의 발사 순간을 탐지하려면 조기경보위성이 필요하다. 사진은 로켓다인사의 LR79 로켓엔진으로, 플로리다의 케이프 커내버럴에서 IRBM을 쏘아 올리는 광경이다.

사진 제공: 미국 공군

미사일의 궤적 ①

– 로켓 분사는 상승 코스의 초기 단계에서 끝난다

처음에는 수직으로 쏘아 올린다. 그 이유는 최대한 빨리 공기 저항 없는 대기권 밖으로 내보내기 위해서다. 대기권 밖으로 나간 직후(고도 약 100 km)에 포물선 궤적을 그리기 시작한다.

가속시간, 즉 로켓의 분사시간은 단 몇 분에 불과하고, 이는 전체 비행시간의 5분의 1 정도다. 장거리 탄도미사일은 2단식이나 3단식인데, 연료를 다 써버린 1단 로켓과 2단 로켓은 몇 분 사이에 분리하여 버린다.

ICBM(Intercontinental Ballistic Missile)은 이 가속 단계에서 고도 200~400 km, 거리 400~800 km에 도달한다. 그러나 사정거리 600 km 정도의 SRBM의 가속 시간은 60~90초 정도이고, 대기권 내에서 포물선 탄도에 들어가며, 대기권 밖으로 나가기 직전에 낙하를 시작한다.

이 가속 단계에서 미사일이 표적을 정확히 향하도록 궤적을 조정한다. 대부분의 탄도미사일은 가속도를 계산해서 궤적을 수정하는 관성항법방식을 사용한다. 로켓의 연소가 끝난 이후는 관성으로 표적을 향해 날아가기 때문에 탄도미사일이라고 칭한다.

일부 단거리 탄도미사일은 미사일 본체와 탄두를 분리하지 않는 것도 있지만, 대부분의 탄도미사일은 로켓의 분사가 끝나도 계속 관성으로 상승하고, 포물선의 정점(ICBM은 고도 1,300 km 정도)에 달하기 전에 미사일 본체에서 탄두를 분리한다.

그림 ICBM의 탄도

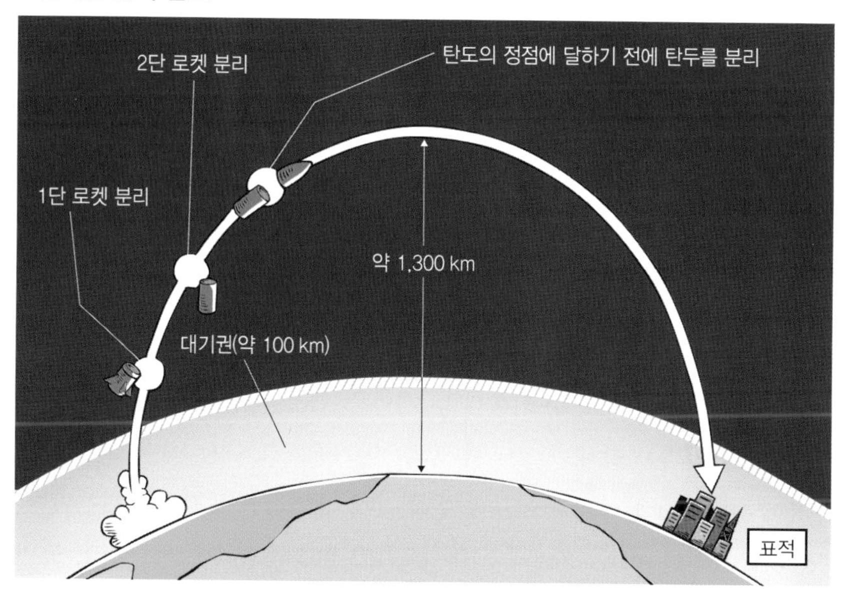

ICBM이 그리는 포물선의 정점은 대개 1,300 km다.

LGM-30 미니트맨의 발사 테스트.

사진 제공: 미국 공군

미사일의 궤적 ❷
– 탄두는 여러 개, 디코이도 방출

대부분의 탄도미사일은 상승 단계의 후반에 탄두를 분리한다(개중에는 거의 정점에서 분리하는 미사일도 있다). 탄두는 꼭 1개로 한정하지 않는다. 1발의 미사일에 여러 개의 탄두를 싣는 경우도 있다. 초기의 미사일은 미사일 자체의 명중정밀도가 낮아서(오차가 몇 km나 되었다) 이를 보완하기 위해 '하나의 표적에 여러 개의 탄두를 쏜다'는 개념을 고려했다. 이를 **MRV**(Multiple Reentry Vehicle)라고 한다.

명중정밀도가 향상되자 이들 탄두를 각각 개별적인 표적으로 향하게 했다. 이를 **MIRV**(Multiple Independently-targetable Reentry Vehicle)라고 한다. 그런데 원래 미사일은 1발이기 때문에 각 탄두를 아주 동떨어진 장소의 표적에 따로따로 떨어뜨릴 수는 없고, 서로 가까운 도시에 떨어뜨리는 정도다.

또한 미사일은 탄두뿐 아니라 디코이도 방출한다. 1발의 탄도미사일은 상승 단계가 끝나는 정점 부근에서 이미 수십 군데의 레이다에 포착되어 요격 표적이 된다. 디코이는 진짜 탄두를 싣는 데 방해가 되지 않도록 접어서 넣는다. 조그맣게 접어둔 디코이를 부풀려서 방출하는데, 대기권 바깥에서는 공기 저항이 없기 때문에 가벼운 디코이도 무거운 실제 탄두와 동일한 탄도를 그리며 날아간다.

대기권에 들어오면 공기 저항으로 디코이의 속도가 느려지기 때문에 진짜 탄두와 구분할 수 있게 되지만, 대기권에 돌입했을 즈음에는 착탄까지 불과 몇 분밖에 남지 않는다. 탄두는 마하 20, 즉 초속 7,000 m 이상의 속도로 낙하한다. 이 대기권 돌입 이후를 종말 단계라고 한다.

그림 1 MIRV

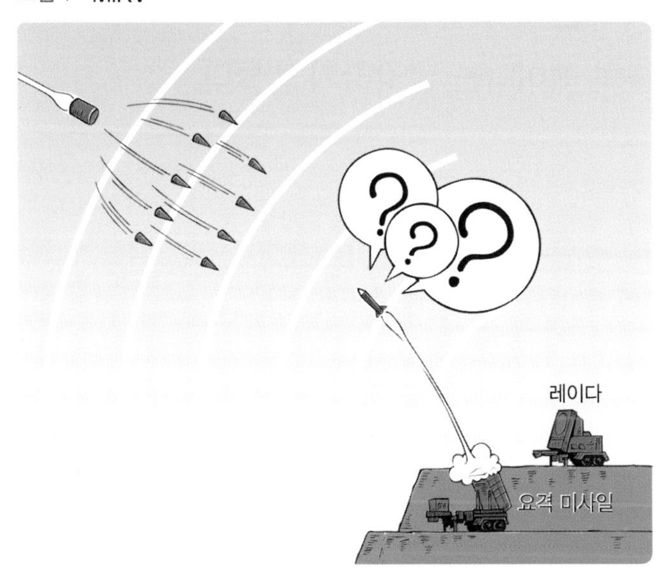

탄두는 여러 개이며 수많은 디코이도 섞여 있다.

그림 2 **미국의 ICBM '피스 키퍼'의 MIRV**

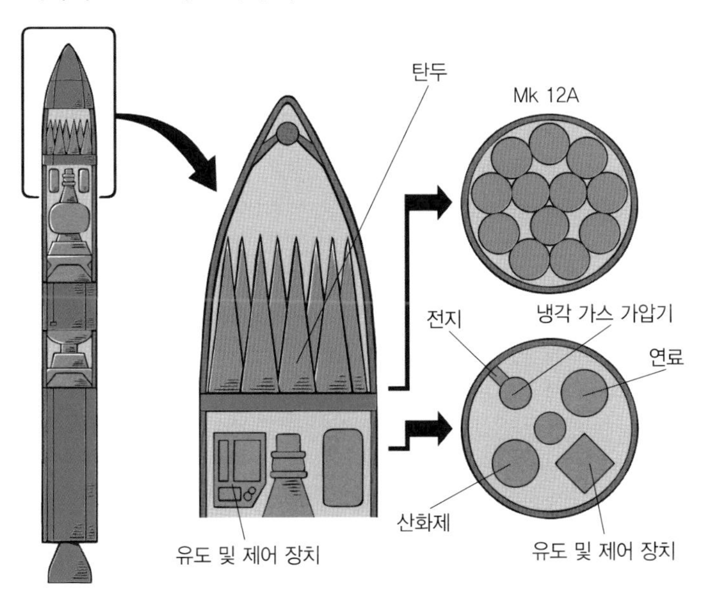

레이다에 의한 미사일 탐지
– 거대한 대출력 레이다는 냉각하기 힘들다

지구가 둥글기 때문에 미사일은 어느 정도 높은 고도까지 올라가지 않으면 레이다로 탐지할 수 없다. 하지만 '북한이 발사한 미사일을 북한 가까이까지 간 이지스함의 레이다로 포착한다'면 발사 순간에 곧바로 탐지하지는 못하더라도 약간 상승한 후에 탐지할 수 있다.

북한이나 중국 동북부에서 일본을 향해 발사된 탄도미사일은 10분 정도면 일본에 착탄한다. 러시아에서 미국으로 1만 km나 날아가는 ICBM이라면 30분 정도 걸린다.

탄도미사일의 본체는 비행기만한 크기지만, 방출되는 탄두는 포탄이나 폭탄 정도의 크기다. 이를 수천 km나 떨어진 거리에서 탐지하는 레이다는 출력도 크고 안테나도 거대하다.

미국의 해상 배치형 레이다는 중량 5만 톤의 석유 굴착 리그를 이용해서 설치했다. 이 레이다 돔의 지름은 36 m나 된다. 일본의 J/FPS-5 레이다는 높이 34 m 건축물의 3면 벽에 지름 18 m의 안테나가 1개, 12 m의 안테나가 2개 있다. 그 안테나의 커버가 '괴수 가메라의 등딱지 같다'고 해서 '가메라 레이다'라는 별명이 붙었다.

이처럼 크고 강력한 레이다는 사용 중의 열 발생량도 커서 냉각하기가 무척 힘들다. 아무래도 '24시간, 365일 쉬지 않고 가동'할 수는 없는 듯하다. 그러므로 여러 개의 레이다를 배치해야 한다. 조기경보위성으로부터 발사 정보를 얻을 수 있다면 발사 정보가 들어오는 순간에 레이다의 스위치를 켜서 대응할 수도 있다. 역시 일본도 하루빨리 조기경보위성을 쏘아 올릴 필요가 있겠다.

중량물 운반선으로 수송되는 미국의 해상 배치 X밴드 레이더. 사진 제공: 미국 해군

일본의 J/FPS-5. 통칭 '가메라 레이더'. 사진 제공: '4식 전투기 하야테' 씨

로프티드 궤도와 디프레스트 궤도

- 요격 가능 시간을 단축하고 레이다 탐지를 늦춘다

탄도의 최고 고도는 ICBM이 약 1,300 km, MRBM이 약 600 km다. 그런데 이 고도는 그 로켓의 추력으로 가장 긴 사정거리를 얻을 수 있는 경제적인 탄도로 발사되었을 경우다. 이를 최소 에너지 궤도라고 한다.

일반적으로 미사일은 이런 경제적인 탄도로 발사되지만, 박격포처럼 높은 각도로 쏘아 올려서 거의 수직으로 떨어지게 하는 로프티드 궤도와, 직사포(canon)처럼 낮은 탄도로 쏘는 디프레스트 궤도도 있다. 이는 로켓의 출력에 비해 사정거리가 짧아지는 궤도이지만, 요격당하기 어렵게 만든다는 장점이 있다.

로프티드 궤도의 경우, 높이 쏘아 올린 탄두는 높은 곳에서 떨어지는 만큼 속도가 빠르고, 낙하 각도도 수직에 가깝기 때문에 짧은 시간에 대기권을 통과해서 착탄한다. 즉 착탄할 때까지의 시간이 짧고, 그만큼 요격할 수 있는 시간도 짧아진다.

디프레스트 궤도는 낮은 궤도를 날아가기 때문에 최소 에너지 궤도에 비해 사정거리를 꽤 희생시켜야 하지만, 지구가 둥글다는 점을 이용해 레이다 탐지를 늦출 수 있다.

북한의 무수단 미사일은 사정거리 3,000~4,000 km로 여겨진다. 최소 에너지 궤도로 일본을 향해 발사하면 일본을 훌쩍 넘어가버릴 것이다. 하지만 만약 무수단 미사일을 디프레스트 궤도로 일본을 향해 발사하면 탄도의 최고 고도가 65~70 km 정도가 되어서 '이지스함의 SM-3으로 요격하기에는 고도가 너무 낮지 않을까?' 하는 우려가 생긴다.

그림 **탄도미사일의 세 가지 궤적**

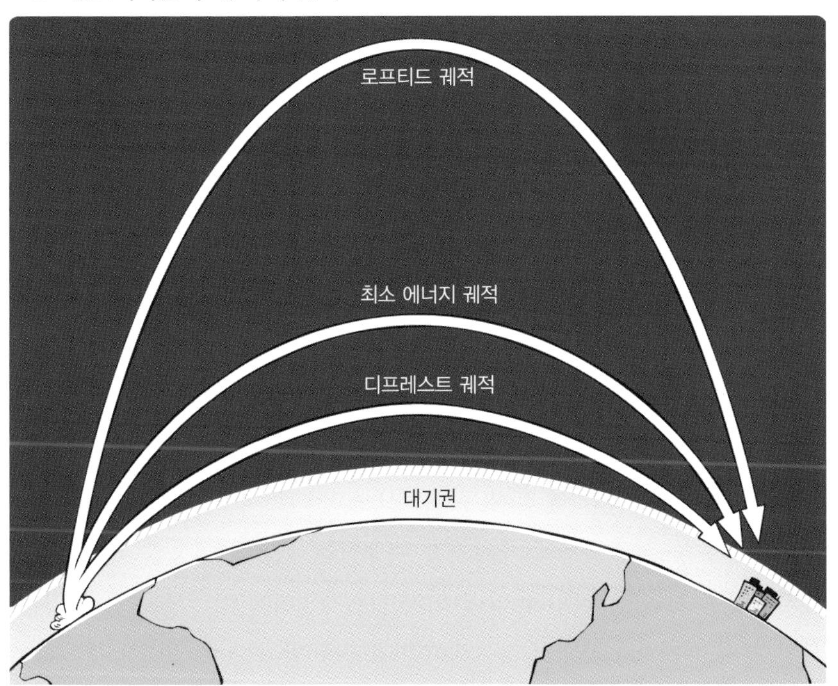

북한의 탄도미사일인 무수단 미사일. 디프레스트 궤도로 발사되면 요격하기 어렵지 않을까 하는 우려가 있다.

사진 제공: 지지통신

가속 상승단계의 미사일을 레이저로 요격

– 하지만 미국의 ABL 계획은 동결되었다

보잉 747을 개조한 AL–1이라는 항공기가 미국에 있었다. 기수에 강력한 레이저건을 장착해서 가속상승단계(post boost)의 미사일을 쏘아 떨어뜨린다는 구상이었다. 이 시스템을 **ABL**(AirBorne Laser)이라고 하며, 2010년에 상승 중인 미사일을 실제로 파괴하는 실험에 성공했다. 상승 중인 미사일은 크기가 매우 큰 표적이기 때문에 명중시키기도 쉽고 파괴하기도 쉽다. 동체에 작은 구멍만 하나 뚫어도 미사일은 간단히 파괴된다.

한편, 레이저는 공기에 의해 감쇠되므로 멀리까지 도달하지 못하는 데다, 지구가 둥글기 때문에 제트기가 비행하는 1만 m 이상의 고도에서는 탐지가능한 거리가 수백 km밖에 되지 않는다. 이는 이 비행기는 적의 미사일 기지 수백 km 이내로 접근해야만 효과를 발휘할 수 있다는 뜻이다.

게다가 언제 발사될지 알 수 없는 탄도미사일에 대처하기 위해서는 24시간, 365일 끊임없이 하늘을 날고 있어야 한다. 따라서 실험은 어느 정도 성공했지만, **ABL 계획은 동결**되었다. 2011년의 일이다.

그러나 레이저 무기의 개발 자체를 포기한 것은 아니다. 이 연구 성과는 전략미사일보다 스커드 같은 단거리 미사일의 최종단계방어에 효과적일 것으로 판단했었다. 이러한 이유로 이스라엘에서는 **아이언 돔**이라는 이름의 지상 배치형 미사일 요격 레이저포가 실전 배치되었다. 그러나 공기에 의한 감쇠 때문에 '레이저의 사정거리는 7 km 이하'라고 한다.

그림 **보잉 747로 탄도미사일을 파괴**

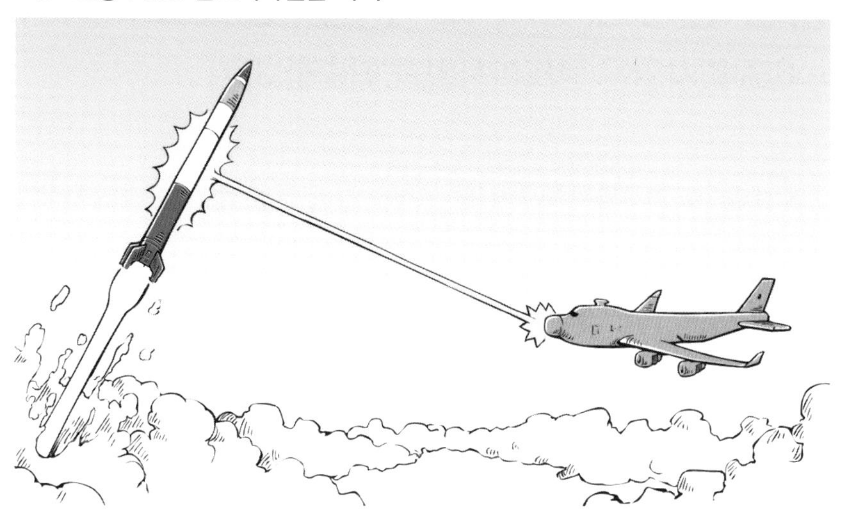

ABL은 요격 실험은 성공했지만, 실전배치를 하지는 않았다.

미국 해군이 테스트하고 있는 레이저무기(LaWS, Laser Weapon System). 사진은 수송양륙함 '폰스'에 장착된 것이다.

사진 제공: 미국 해군

중간 단계에서의 요격

– GBI 미사일은 탄도미사일과 비슷한 크기

발사된 탄도미사일이 1단과 2단 로켓을 분리한 후 외기권을 비행하다가 하강해서 대기권에 재진입하기 전의 단계를 **중간 단계**라고 한다. 중간 단계를 비행하는 시간은 ICBM의 경우 약 30분이나 된다. 즉 궤적의 대부분이 중간 단계이다.

이 중간 단계에서 요격하기 위해 **GBI**(Ground Based Interceptor) **미사일**을 배치했다. 그 이름처럼 지상에 배치하며, 전체 길이 16.8 m, 지름 1.2 m, 중량 12.7톤의 3단식이기 때문에 ICBM의 크기와 거의 비슷하다. 퇴역한 ICBM의 발사 기지에 배치했다.

적의 ICBM 발사를 탐지하자마자 곧바로 대응해서 발사할 수 있다면 적 탄도미사일을 탄도의 정점 부근에서 요격할 수 있지만, 적 탄도미사일의 비행 코스를 계산해서 요격해야 하기 때문에 실제로는 어느 정도 적 미사일이 하강 단계에 들어서야만 가능하다.

해상에는 GBI보다 약간 작은 **SM–3**를 운용한다. SM–3은 3단식이기는 해도 전체 길이 6.55 m, 지름 34 cm 정도의 비교적 작은 미사일이어서 **중간 단계의 요격**은 중간 단계의 말기(SM–3을 실은 군함이 적국에 너무 가까이 다가갈 가능성도 있기 때문에) 혹은 중간 단계의 초기를 노린다. 하지만 북한의 로동 미사일로부터 일본을 방어하려면 중간 단계 전체를 노려야 한다. 또한 유럽에서는 이 SM–3 미사일의 지상형도 배치되어 있다.

미국 알래스카 주 포트 그릴리 기지의 발사대에 놓인 GBI 미사일.
사진 제공: 미국 미사일방어청

미국 해군이 운용하는 SM-3. 사진은 미사일 구축함 '피츠제럴드'에서 발사하는 장면.
사진 제공: 미국 해군

종말 단계에서의 요격
– 패트리엇과 THAAD 미사일

일본의 미사일 방어 시스템은 적의 탄도미사일이 이지스함의 SM-3을 회피하고 일본 본토를 향해 계속 날아온다면, 종말 단계에서 패트리엇 PAC-3로 요격하도록 되어 있다. 하지만 이 PAC-3은 사실 패트리엇의 레이다나 발사대 등을 이용하기 때문에 '패트리엇 3형(PAC-3)'으로 부르지만, 패트리엇의 개량형이 아닌 전혀 다른 미사일이다. 원래 패트리엇(PAC-2)은 지름 41 cm, 사정거리 70 km의 미사일이었지만, PAC-3은 지름 25 cm, 사정거리 20 km의 작은 미사일이다. 따라서 1발의 PAC-2가 들어가는 발사대에 PAC-3 4발이 들어간다. 그러나 사정거리는 짧아졌다.

원래 이 미사일은 도시와 같은 지역(Area Target)을 방호하기 위한 것이 아니라, 지상부대를 방호하기 위한 방공장비이다. 그런데 종전에 도시 방호용으로 운용했던 패트리엇 시스템을 활용할 수 있다는 편리성 때문에, 일단 채택한 것으로 보인다.

미국은 종말 단계 요격용으로도 사정거리 200 km의 **THAAD**(Terminal High Altitude Area Defense) 미사일을 배치하고 있다. 일본은 SM-3의 방어망을 통과한 적의 미사일을 THAAD가 담당하고, THAAD 망을 통과한 적의 미사일은 PAC-3이 담당하는 3단계 방어구조가 가장 이상적이겠지만, 현재의 방위 예산으로는 이런 구조를 구축할 수 없다. 그러나 THAAD는 '디프레스트 궤도로 발사된 무수단 미사일을 요격할 수 있다'고 여겨진다. 흥미롭게도 미군은 이 레이다만을 일본에 배치했다.

미군의 THAAD 미사일. 탄도미사일을 종말 단계에서 요격하기 위한 장비이다.

사진 제공: 미국 미사일방어청

일본은 THAAD 미사일을 배치하지 않지만, SM-3이 적의 탄도미사일을 놓치면 PAC-3 미사일이 '최후의 보루'가 된다.

핵 억제와 상호확증파괴
– 쏘지 못하게 만드는 것이 최선

냉전 시대에 미국과 소련은 대량의 핵무기를 보유하며 날카롭게 대치했지만, 실제로 핵무기가 사용된 적은 없다. 그러기는커녕 미국과 소련이 재래식 무기로 국지적인 무력 충돌을 벌인 적조차 없다.

서로 '핵전쟁만큼은 해서는 안 된다'고 생각해서, '재래식무기에 의한 국지적인 충돌조차 핵전쟁으로 번질 우려가 있다'는 불안감에서 양국은 직접 대결하는 일을 신중히 회피하고, 필요 시에는 '대리전쟁'을 수행하기도 했다. 이것이 바로 핵 억제(nuclear deterrence)다.

그러나 핵 억제가 작용하려면 상대방으로 하여금 '핵전쟁에 승자는 없다. 핵전쟁이 벌어지면 함께 파멸한다'는 생각을 갖게 만들어야 한다. 서로 똑같이 그렇게 생각해야만 전쟁이 억제되기 때문인데, 일부러 '핵전쟁이 벌어지면 함께 파멸한다'는 상태를 적극적으로 만들어내기조차 했다. 양국은 탄도미사일 요격 미사일 제한협정(ABM 협정)을 체결해서 '탄도미사일 방어를 서로 하지 않는다'는 약속까지 한 것이다.

'핵전쟁이 벌어지면 상대방과 함께 파멸한다'는 상태를 상호확증파괴(MAD, Mutual Assured Destruction)라고 한다. 냉전 시대에 미국과 소련은 의식적으로 MAD 상태를 만들어냄으로써 전쟁을 회피한 것이다.

지금 생각해보면 그것은 사실 안정된 상태였다고 할 수도 있다. 탄도미사일 요격 미사일 제한협정이 폐지되고, 미사일 방어와 그 방어벽을 돌파하려는 공격 수단이 시소게임을 벌이게 된 오늘날은 냉전 시대보다 핵전쟁이 더 일어나기 쉬운 불안정한 시대가 되었다.

미사일 방어 기술이 발달하기는 했지만 SLBM에 대처하기는 여전히 어렵다. 아직까지 SLBM의 존재는 MAD에 의한 전쟁억제를 성립시킨다. 사진은 미국 해군의 오하이오급 전략 원자력 잠수함 '네바다'에서 발사된 트라이던트 II(Trident D5). 사진 제공: 미국 해군

COLUMN 6

순항 미사일 방어

지구는 둥글기 때문에 지평선(수평선) 너머는 보이지 않는다. 레이다로 탐지할 수도 없다. 레이다가 매우 먼 곳의 항공기를 발견할 수 있는 이유는 항공기가 높은 곳을 날고 있기 때문이다. 초저공으로 날아가는 항공기는 발견할 수 없다.

그래서 순항 미사일은 고도 30 m 이하로 초저공비행을 한다. 이처럼 초저공으로 침입하는 항공기나 순항 미사일을 탐지하려면 항공기에 레이다를 싣고 위에서 내려다보는 조기경보가 필요하다. 일본은 E-767과 E-2C 등 두 종류의 조기경보기를 배치해서 일본의 주변을 경계하고 있다.

순항 미사일은 발견하기만 하면 격추하기 어렵지 않다. 큰 날개를 펴서 여객기 정도의 속도로 날기 때문에 대공 미사일을 사용할 필요조차 없고, 전투기의 기관포로도 격추할 수 있다.

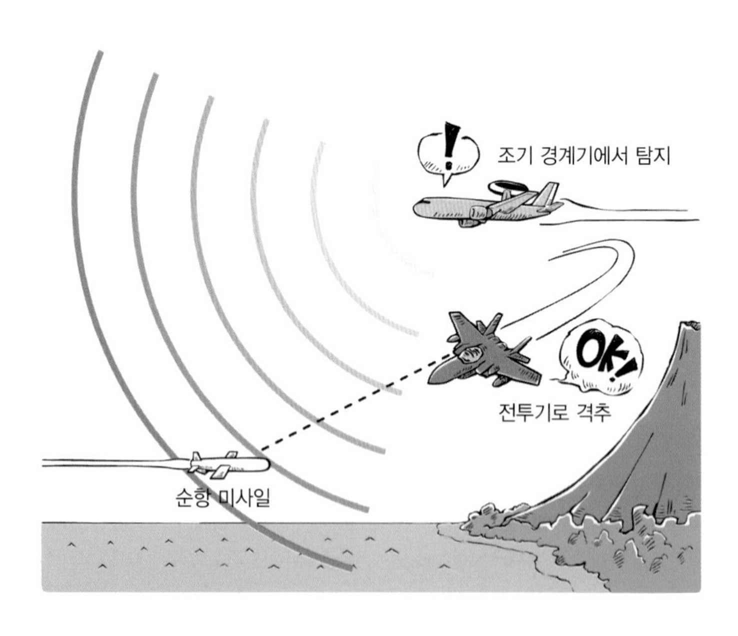

제 7 장

핵탄두

Nuclear Warheads

LGM-30G 미니트맨 Ⅲ의 MIRV. 하나의 운반체에 여러 개의 탄두를 장착한다. 사진 제공: 미국 공군

원자폭탄이란 무엇인가?
– 원자핵의 분열에너지를 이용한다

원자폭탄은 우라늄이나 플루토늄의 원자를 분열시킬 때 나오는 에너지를 폭발력으로 이용하는 폭탄이다.

'이 세상의 모든 물체는 원자로 구성되어 있다'고 학교에서 배웠을 것이다. 플러스(+) 자기를 띤 양자 1개의 주변을 마이너스(–) 자기를 띤 전자 1개가 돌고 있으면 수소 원자, 양자와 전자가 2개이면 헬륨, 6개이면 탄소, 7개이면 질소, 8개이면 산소, 26개이면 철……. 이를 원자 번호라고 한다.

또한 대부분의 경우, 양자와 함께 자기를 띠지 않는 중성자가 있다. 이 양자와 중성자 같은 원자의 중심에 있는 것을 원자핵이라고 한다.

'원자의 분열이란 곧 원자핵의 분열'이다. 따라서 원자분열이라고 하지 않고 핵분열이라는 말을 사용한다. 이 핵분열이 일어나면 폭약의 폭발과는 차원이 다른 큰 에너지가 방출된다.

그러나 원자는 쉽게 분열을 하지 않는다(절대 하지 않는다고는 할 수 없지만). 장작을 높게 쌓으면 무너지기 쉬운 것과 마찬가지로, 양자와 전자와 중성자를 많이 지닌 원자일수록 분열하기 쉽다. 수가 많더라도 양자와 중성자의 균형이 잘 맞으면 쉽게 분열하지 않는다.

원자 번호 92의 우라늄($^{235}_{92}U$)과 원자 번호 94의 플루토늄($^{232}_{94}Pu$)은 인공적으로 분열시키기 쉽도록 원자폭탄의 재료로 사용한다.

그림 **원자와 핵분열의 개요**

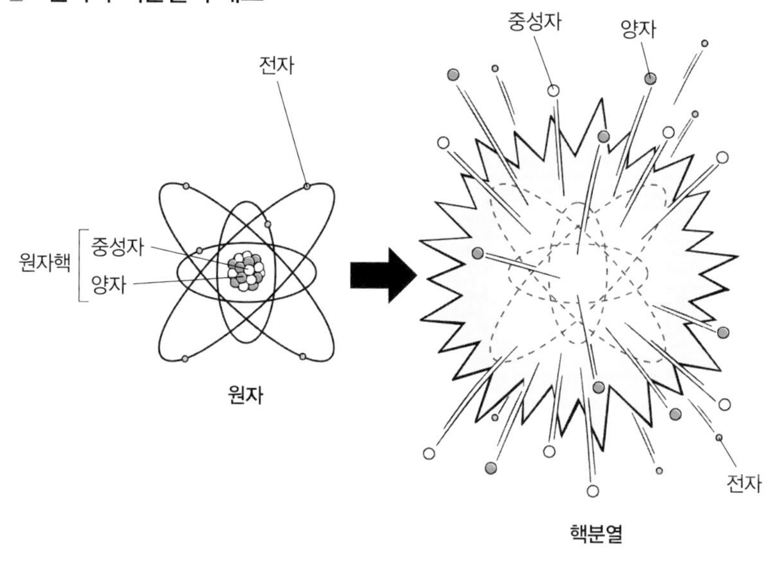

히로시마에 투하된 리틀 보이(Little boy)는 우라늄을 사용한 원자폭탄이다. 사진 제공: 미국 공군

나가사키에 투하된 팻맨(Fat man)은 플루토늄을 사용한 원자폭탄이다.
사진 제공: 미국 공군

농축 우라늄이란?
– 우라늄 235와 우라늄 238

우라늄 광석은 미국, 호주, 캐나다, 카자흐스탄, 북한 등 세계 각지에 매장되어 있다. 일본에도 전혀 없는 것이 아니며, 약간 채굴된 적도 있다. 하지만 지금은 필요한 양을 수입하고 있다.

우라늄 광석은 다른 금속 자원과 마찬가지로 광석을 그대로 사용할 수 없기 때문에 제련해야 한다. 제련을 통해 광석에서 우라늄을 뽑아내는 일은 어렵지 않다. 나아가 **우라늄 235**와 **우라늄 238**을 분리할 필요가 있다.

둘 다 원자 번호 92, 즉 양자의 수가 92개이지만, 중성자는 우라늄 235가 143개이고 우라늄 238이 146개다. 단지 그 차이로 인해 '핵분열하기 쉬운가, 어려운가'가 결정된다. 보통은 우라늄 235만 폭탄 재료로 사용한다. 그러나 우라늄 235는 제련된 우라늄 중에 겨우 0.7%밖에 함유되어 있지 않다. 폭탄을 만들려면 우라늄 235가 90% 이상이어야 한다(원자로에서 사용하려면 20% 이상). 우라늄 235의 비율을 높인 것을 농축 우라늄이라고 한다. 이런 우라늄을 농축하려면 높은 기술력과 매우 큰 설비가 필요하다(일본 돗토리 현이나 시마네 현 정도의 경제력 정도인 북한이 원자폭탄을 만든 것은 예외지만).

그 우라늄 235를 연쇄 반응을 일으켜 핵분열을 일으키는 데에 필요한 최소한의 질량을 임계질량(critical mass)이라고 한다. 임계질량은 농축도, 폭탄의 구조, 기폭 방법 등에 따라 달라진다. 이전에는 임계질량이 '우라늄 235로는 15 kg', '플루토늄으로는 5 kg'이라고 알려졌다. 하지만 최근에는 '우라늄 235로는 3 kg', '플루토늄으로는 1 kg'만 있으면 가능하다는 주장도 있다.

인회우라늄석. 자외선을 비추면 형광색을 띤다.

우라늄 농축 시설(이란 나탄즈)을 시찰하는 마흐무드 아흐마디네자드 이란 대통령.
사진 제공: EPA = 지지통신

핵분열과 연쇄 반응

– 중성자로 원자핵을 파괴하면 연쇄 반응이 일어난다

136쪽에서 '장작을 높게 쌓으면 무너지기 쉬운 것과 마찬가지'라는 말로 핵분열을 비유했는데, 이때 장작을 무너뜨리려면 무언가 충격이 필요하다. 중성자로 그 충격을 준다. 중성자는 원자핵 안에 양자와 함께 있을 뿐 아니라, 태양에서 방출되기도 하고 자연계에 어느 정도 떠다니기도 한다.

그것이 우라늄이나 플루토늄에 부딪히면 분열한다. 분열하면 원자 번호 92와 94였던 우라늄과 플루토늄이 원자 번호 56인 바륨, 원자 번호 38인 스트론튬, 원자 번호 55인 세슘, 원자 번호 42인 몰리브덴 등 다양한 원자로 재구성된다. 이때 폭발적인 에너지가 방출된다.

그러나 우라늄이나 플루토늄 덩어리 안에 중성자가 1~2개 날아든다고 해서 폭발이 일어나지는 않는다. 우라늄 원자 1~2개는 분열할 수 있지만, 측정이 불가능할 정도로 미세한 수준이다. 폭발을 일으키려면 연쇄 반응이 필요하다. 원자핵 안에는 중성자가 함유되어 있으므로 그것이 분열하면 중성자가 튀쳐나간다. 그것이 주변의 우라늄을 분열시키고, 그 분열된 우라늄이 중성자를 방출하고……, 이처럼 연쇄적 반응이 일어나면 폭발한다.

하지만 우라늄 덩어리가 작으면 중성자가 주변의 우라늄핵에 잘 부딪히지 않고 덩어리 바깥으로 튀쳐나가버리므로, 연쇄 반응이 일어나지 않는다. 임계질량이 필요한 이유다. 즉 '폭탄 안에 우라늄을 임계질량 이하의 작은 덩어리로 두었다가, 폭발시키고 싶을 때 합해서 임계질량(critical mass) 이상이 되도록 하면 폭발한다.

그림 **연쇄 반응의 개요**

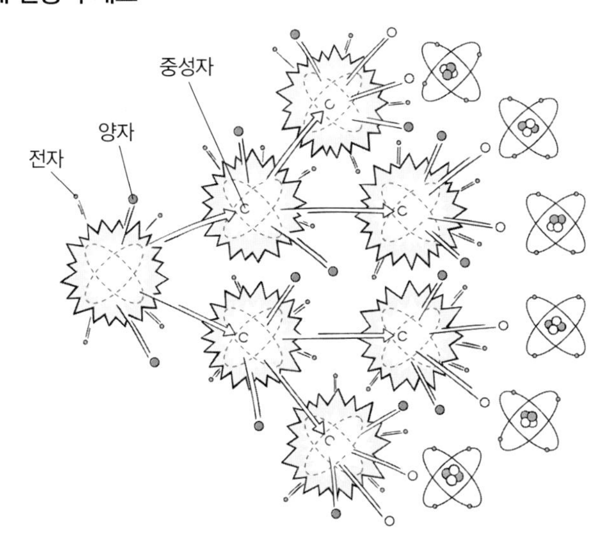

1개의 중성자가 2개로, 2개의 중성자가 4개로, 4개가 8개로……. 이것이 연쇄 반응이다. 이 그림은 쉽게 설명하기 위해 원자를 구성하는 전자, 양자, 중성자의 수를 실제보다 적게 그렸다. 실제로는 더 많은 중성자가 뛰쳐나간다.

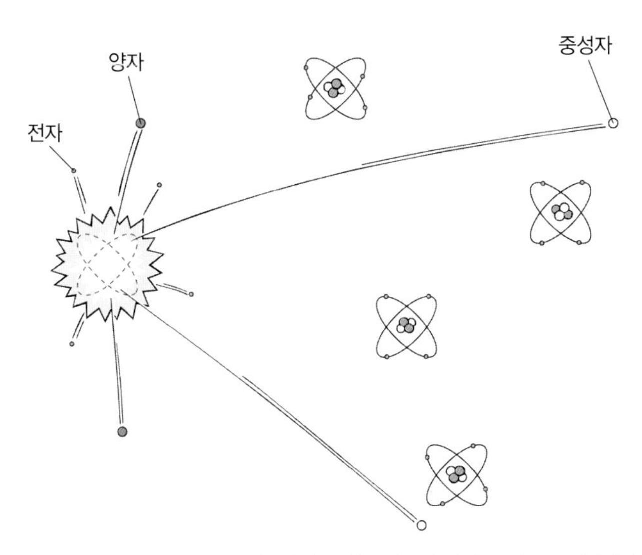

그러나 덩어리가 작으면 중성자는 주변의 원자핵에 제대로 명중하지 않고 외부로 뛰쳐나가 사라져버린다. 따라서 연쇄 반응이 일어나지 않는다.

포신형과 내폭형
– '고등학생도 만들 수 있는' 포신형

포신형 원자폭탄은 만들기가 비교적 쉽다. 히로시마에 투하된 원자폭탄이 포신형이다. 폭발에 실패할 것으로는 전혀 생각하지 않았기 때문에 완성한 원자폭탄을 실험도 없이 실전에 투입해서 히로시마를 날려버렸다. [역자 주: 미국은 1945년 7월 16일 오전 5시 30분 뉴멕시코 주 로스 알라모스(Los Alamos)에서 폭발실험에 성공하였다.]

포신형 원자폭탄은 농축도 90% 이상의 우라늄 235를 입수할 수만 있다면 '고등학생도 만들 수 있을 만큼' 간단한 구조다. 포신형이라는 이름처럼 우라늄을 두꺼운 원통 안에 임계질량 이하의 크기 두 개로 나누어 넣어두고, 화약의 힘으로 이 두 개를 부딪치게 해서 임계질량을 확보한다. 원리적으로는 매우 간단하다. 실제로는 제대로 설계하지 않으면 '전체질량의 1%도 핵분열하지 못하는' 효율 나쁜 폭탄이 될 우려도 있다.

나가사키에 투하된 원자폭탄은 내폭형이다. 임계질량 이하의 플루토늄 구체를 폭약으로 감싸고, 그 폭발로 압축한다. 압축되면 밀도가 높아져 임계질량에 도달하면 중성자가 원자핵에 부딪히기 쉬워지게 된다.

그러나 점화하는 곳이 한 군데라면 구체를 제대로 압축할 수 없고 형태가 온전해지지 못하므로, 구체 폭약의 모든 표면에 동시에(100만분의 1초 이내의 오차로) 점화해야 한다. 그러므로 내폭형 원자폭탄을 만들려면 우선 이 점화 장치부터 개발해야 한다. 플루토늄을 사용하는 원자폭탄은 반드시 내폭형으로 만들어야 한다.

그림 **포신형 구조**

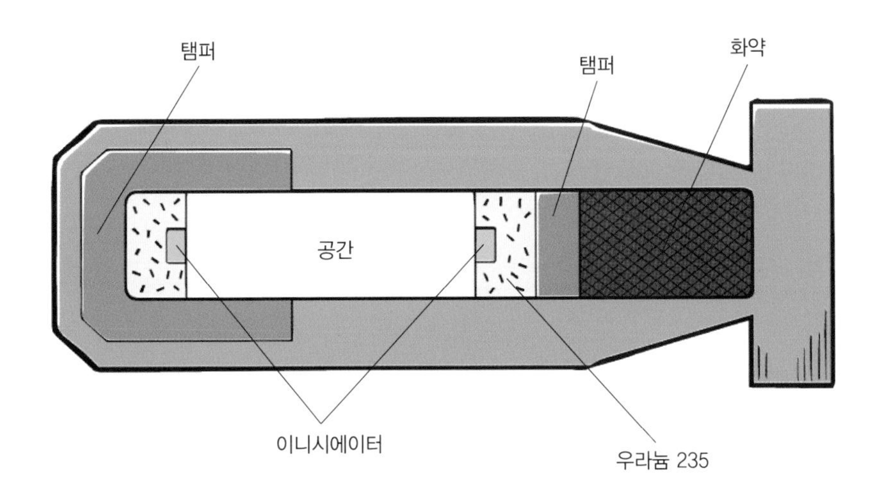
탬퍼
탬퍼
화약
공간
이니시에이터
우라늄 235

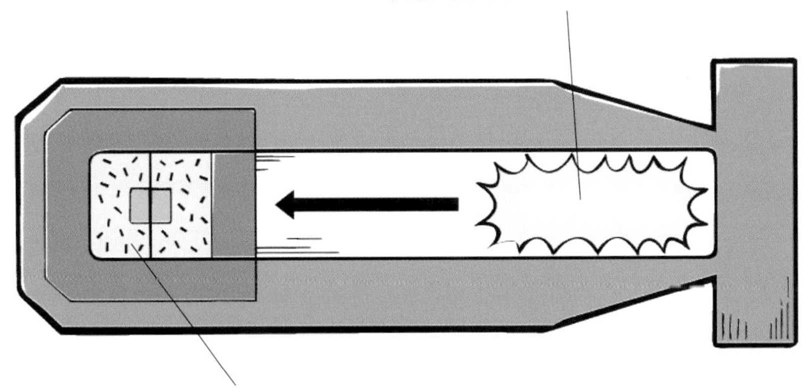
화약을 폭발시켜서 우라늄을 부딪치게 한다.
우라늄이 임계질량 이상이 되고,
이니시에이터가 중성자를 방출한다.

플루토늄
– 자연계에는 없는 인공 원소

우라늄으로 원자폭탄을 만들려면 우라늄 235의 비율이 90% 이상이어야 한다. 원자로에서 사용하려면 20% 이상의 농축도로도 충분한데, 농축도가 너무 높으면 원자로가 원자폭탄이 되어버릴 우려가 있으므로 오히려 위험하다.

우라늄 238을 많이 함유하는 연료로 원자로를 운전하면 핵분열한 우라늄에서 나오는 중성자의 대부분은 우라늄 238에 부딪힌다. 하지만 어느 정도는 가까이 있던 우라늄 235에 부딪혀 핵분열 반응을 일으키고 폭탄으로 변하지 않을 만큼의 미미한 연쇄 반응을 일으켜 에너지를 방출한다. 그리고 우라늄 238에 부딪힌 중성자는 우라늄 238을 플루토늄으로 바꾼다('우라늄 238 → 우라늄 239 → 넵트늄 → 플루토늄'의 단계를 거친다).

우라늄 238이 원자로를 운전하는 과정에서 폭탄으로 사용할 수 있는 플루토늄으로 바뀌는 것이다.

하지만 플루토늄으로 폭탄을 만들려면 포신형으로는 불가능하다. 플루토늄 덩어리 안에는 플루토늄 239(이것이 폭탄으로 사용하는 재료)와 함께 플루토늄 240이 6% 정도 혼재되어 있는데, 플루토늄 240은 불안정해서 포신형으로 만들면 두 덩어리가 결합하기 직전에 멋대로 분열 반응을 일으킨다. 이로 인해 작은 폭발을 일으키고 폭탄을 안쪽에서 파괴한다. 따라서 대부분의 플루토늄은 폭발하지 않는다. 하지만 내폭형으로 만들면 플루토늄 240이 멋대로 분열하더라도 그 이상의 폭발력으로 모든 플루토늄을 활용할 수 있다.

그림 **내폭형 구조**

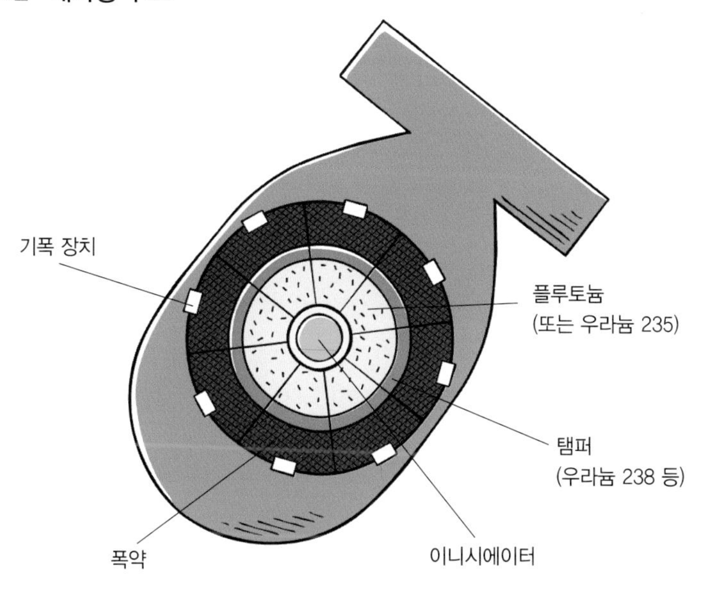

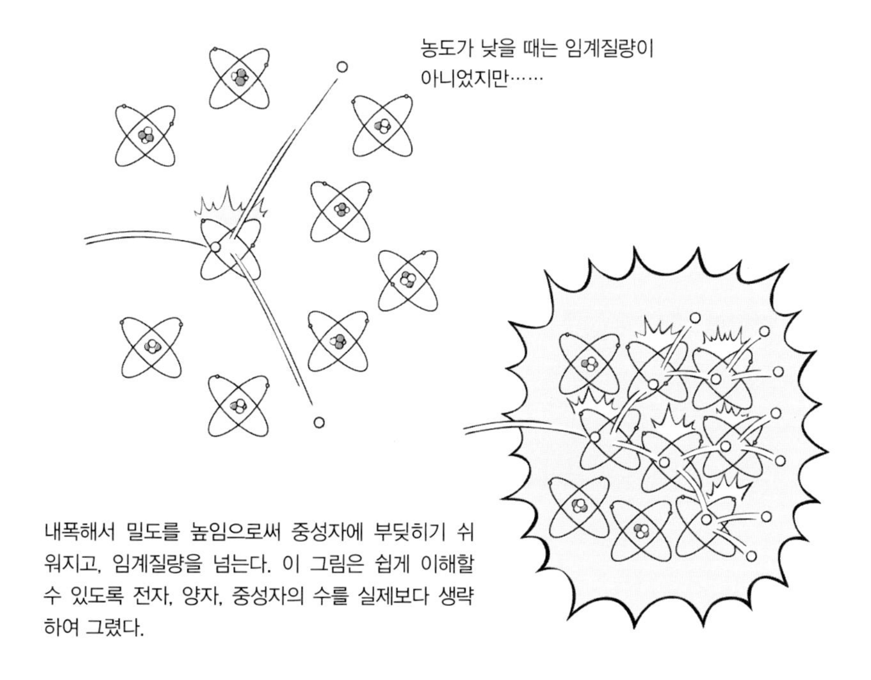

내폭해서 밀도를 높임으로써 중성자에 부딪히기 쉬워지고, 임계질량을 넘는다. 이 그림은 쉽게 이해할 수 있도록 전자, 양자, 중성자의 수를 실제보다 생략하여 그렸다.

수소폭탄
– 수소가 융합할 때 발생하는 에너지를 이용

수소폭탄은 원자폭탄보다 강력한 핵폭탄이다. 현대의 핵폭탄은 대부분 수소폭탄이다.

수소폭탄은 핵융합 반응을 이용한 폭탄이다. 핵융합이란 핵분열과 반대로, 2개의 원자가 합쳐서 1개의 원자가 되는 것을 말한다. 다음 페이지의 그림은 수소 2개가 결합해서 헬륨 1개가 되는 상황을 나타내었다.

태양이 열과 빛을 내뿜는 것도 태양 안에서 수소가 헬륨으로 바뀌는 핵융합 반응이 일어나기 때문이다. 수소가 헬륨으로 바뀔 뿐 아니라 더 큰 원자로 융합(예를 들어 수소가 6개 융합해서 탄소가 되거나, 26개 융합해서 철이 되는 등)할 수도 있다. 우주가 생성되던 초기 단계의 빅뱅에서는 그런 일이 일어났었지만 아무때나 일어나는 일은 아니다. 수소가 헬륨으로 바뀌는 것을 핵융합반응이라고 하기 때문에 핵융합을 이용한 폭탄을 수소폭탄이라고 한다.

핵융합을 일으키려면 태양 중심부만큼의 고온 · 고압이 필요하다. 이런 고온 · 고압은 현 시점에서의 통상적인 기술로는 불가능하고 원자폭탄을 사용하면 얻을 수 있다. 따라서 수소폭탄은 원자폭탄을 기폭장치로 사용한다. 쉽게 말해 원자폭탄 바깥쪽을 수소로 감싼 것이 수소폭탄이다. 다만 수소의 결합이 쉽도록 삼중수소를 사용한다. 삼중수소(3H)는 원자핵 안에 중성자가 2개이다.

일반적으로 수소는 상온에서 기체 상태로 존재한다. 세계 최초의 수소폭탄은 수소를 액화하여 원자폭탄 바깥쪽을 감쌌지만, 그 상태로는 무기로 활용하기 불편하기 때문에 실전용 폭탄은 리튬과 결합한 중수소화리튬이라는 고형 물질로 원폭을 감싼다.

그림 **핵융합의 개요**

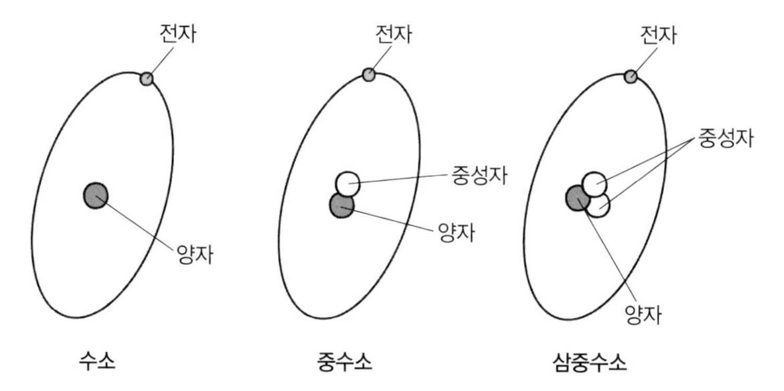

수소의 화학적 성질은 모두 동일하지만 중성자의 수가 다르다.

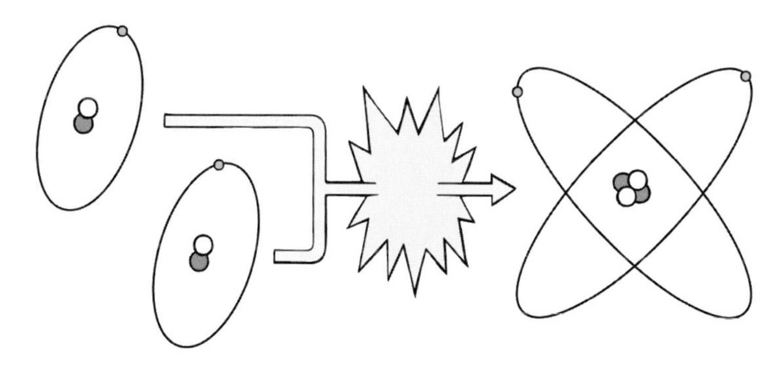

2개의 중수소가 핵융합해서 헬륨이 된다. 그러나 4억 ℃ 정도의 고열이 필요하다.

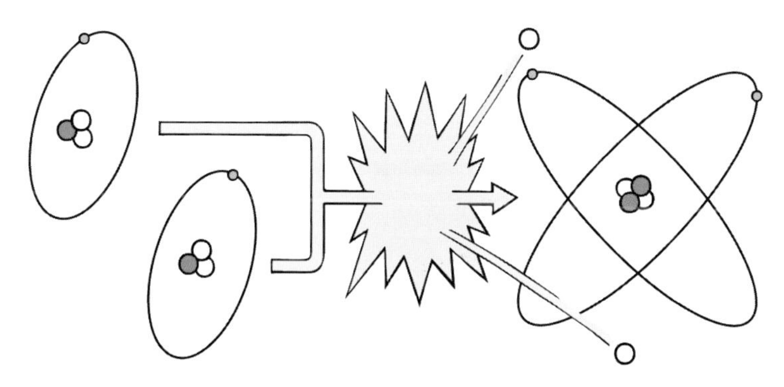

삼중수소는 4,000 ℃ 정도에서 핵융합하기 때문에 폭발시키기 쉽다. 또한 방출되는 중성자는 우라늄 238을 핵분열시킬 수 있다.

원자폭탄의 메커니즘
– 이니시에이터와 탬퍼

우라늄이나 플루토늄이 남김없이 핵분열하지 않고 일부분이 날아가버린다면 위력적인 폭탄이 될 수 없다. 그래서 되도록이면 효율 좋은 폭탄으로 만들기 위해 이니시에이터와 탬퍼를 사용한다.

핵분열을 일으키기 위해서는 중성자가 필요하다. 중성자는 자연상태에서도 어느정도 존재하지만, 연쇄반응을 일으키려면 한꺼번에 많은 중성자가 필요하다.

이니시에이터(initiator)는 인공적으로 중성자를 만드는 장치이다. 이니시에이터는 헬륨(원자 번호 4)과 폴로늄(원자 번호 84)으로 구성되어 있다. 폴로늄은 불안정한 원자여서 자연스럽게 붕괴되어 납(원자 번호 82)으로 바뀐다. 이때 양자 2개와 중성자 2개가 결합한 것을 방출하고, 이것이 헬륨의 원자핵에 부딪히면 헬륨이 탄소(원자 번호 6)로 바뀌면서 여분의 중성자를 방출한다. 내폭형의 경우, 헬륨과 폴로늄을 얇은 금속막으로 나눠놓고 기폭의 충격으로 금속막이 파괴되면 양쪽이 결합하도록 되어 있다.

탬퍼(temper)는 중성자 반사재다. 폭탄 밖으로 도망가려는 중성자를 반사해서 플루토늄 안으로 되돌림으로써 핵분열 반응을 촉진한다. 그 탬퍼의 재료는 무거운 물질일수록 좋으므로 납을 사용하기도 하지만, 보통은 더 무거운 우라늄 238을 사용한다. 우라늄 238은 원자폭탄의 재료로서 작동하지는 않는다. 그러나 수소폭탄의 경우에는 수소폭탄을 우라늄 238로 감싸면 핵융합 반응으로 생긴 고속 중성자가 우라늄 238을 핵분열시켜서 수소폭탄의 폭발력을 더욱 늘린다.

그림 **수소폭탄의 구조**

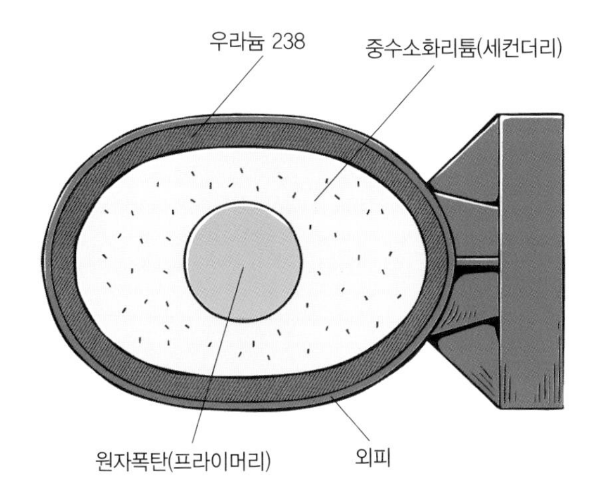

수소폭탄에서 원자폭탄으로 1차기폭(프라이머리)하고 2차적으로 중수소화리튬을 융합한다(세컨더리).

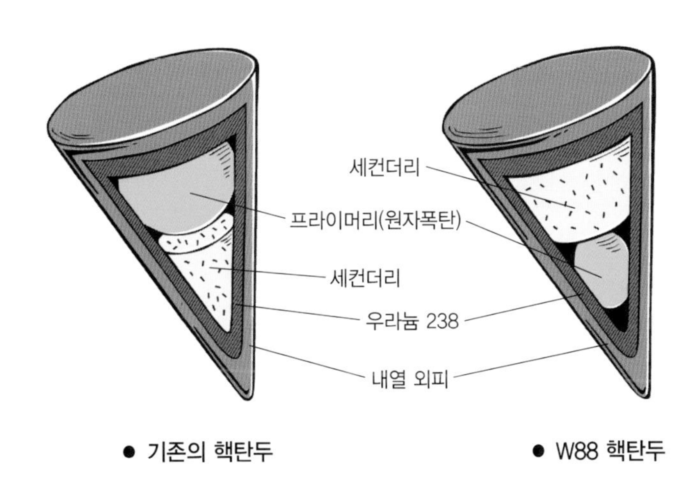

탄도미사일의 탄두(재진입체)는 원뿔 모양이다. 기존의 프라이머리는 구체였기 때문에 낮은 쪽(이 그림에서는 위쪽)에 두어야 했고, 세컨더리 부분이 작았다(수소폭탄의 위력이 작다). 하지만 미국의 W88 핵탄두는 타원형의 내폭형 원자폭탄을 높은 쪽에 둠으로써 세컨더리를 키웠다.

중성자탄
– 방사선을 강화한 탄두로 소형 수소폭탄이다

냉전 시대에 미국과 소련은 '서로 핵전쟁을 하고 싶어 하지 않았다'. 그러나 소련은 3만 대의 전차와 200만 명의 대군으로 서유럽을 침공할 능력이 있었다. 미국은 동 · 서독 경계선에서 소련군의 침공을 저지하지 못한다면 독일 영토 내에서 핵무기를 사용한다는 작전계획을 구상하고 있었다(독일 국민에 대한 배려는 하지 않은 듯하다).

전차의 두꺼운 장갑은 의외로 열선이나 폭풍에 강하다. 그래서 두꺼운 장갑을 관통해서 전차 승무원을 살상하기 위해 열선이나 폭풍보다 중성자의 방출을 강화한 방사선 강화탄[중성자탄(Neut, Newtron bomb 또는 Enhanced Radiation bomb)]을 만들었다. 미국은 이것을 단거리 지대지 미사일 랜스(Lance)에 장착하여 서유럽에 배치했다.

중성자탄은 폭발력 1킬로톤 이하의 소형 원자폭탄(이런 소형 원자폭탄을 만드는 일 자체도 예전에는 어려웠다)을 중수소화리튬으로 감싸서 핵융합 반응을 일으키는 소형 수소폭탄이다. 일반적인 수소폭탄은 핵반응을 촉진하기 위해 폭탄의 외피 바로 안쪽에 우라늄 238 등의 중성자 반사재를 넣지만, 중성자탄은 크롬이나 니켈을 사용한다. 이로써 폭발력은 증가하지 않고 중성자 방출은 많아진다.

그러나 폭발력이 약하다는 것은 분열하지 않은(불완전 연소된) 핵 물질이 널리 흩뿌려진다는 뜻이다. 주변의 물질이 중성자를 흡수하면 방사선을 방출하게 되므로 핵 오염이 심각해진다(동맹국에 의해 그런 일을 당할 뻔한 독일 국민이 딱하다……). 그러나 중성자탄은 장기간 보존할 수 없고 유지 · 관리하기에도 까다로웠기 때문에 냉전이 끝난 후, 더 이상 운용하지 않는다.

단거리 지대지 미사일인 랜스. 냉전 시대에 소련군의 침공에 대항하기 위해 중성자탄을 운용하였다.
사진 제공: 미국 육군

COLUMN 7

스위스 정부가 펴낸 『민간방위』

스위스는 냉전 시대에 국토가 전쟁상태가 되었을 때 알아두어야 할 지침을 설명한 서적을 각 가정에 배포한 적이 있다. '적의 선전에 혹하지 마라'라는 지침부터, 핵 공격을 받았을 때 몸을 보호하는 법, 각 가정에서 비축해두어야 할 물품과 양까지 상세히 설명되어 있다. 평화로움에 도취되어 분별력을 잃어버린 일본의 상황과 확연히 다르다. 이것이 영세 중립국 스위스의 자세다. 다만 이 책은 1980년대까지의 냉전을 토대로 한 책이므로, 현재는 사용하지 않는다.

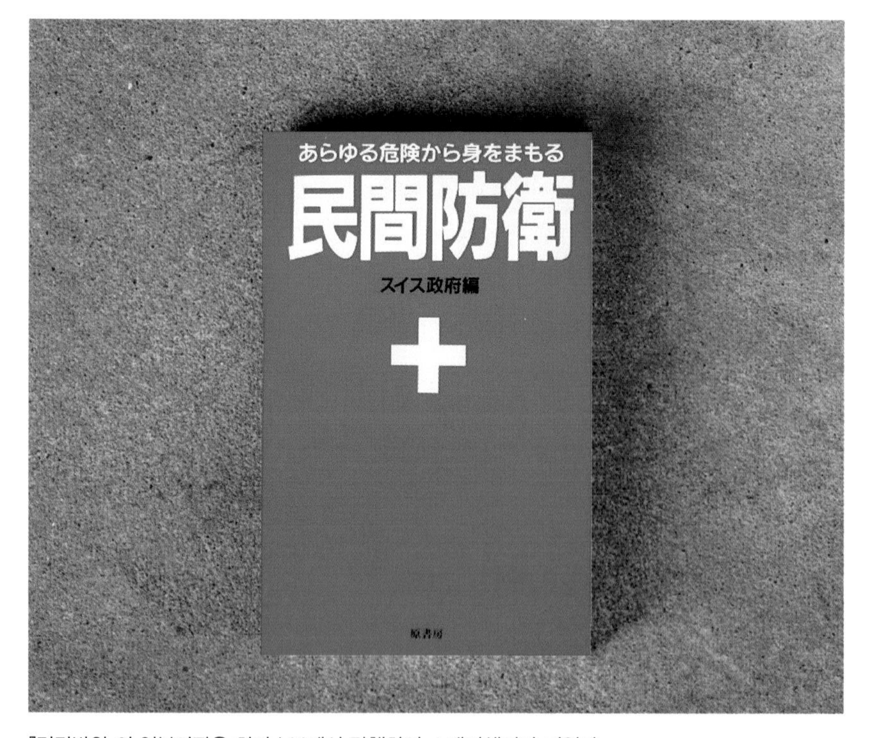

『민간방위』의 일본어판은 하라쇼보에서 간행하여 스테디셀러가 되었다.

제 8 장

핵폭발로부터 살아남기

A Survival from a Nuclear Explosion

비키니 환초에서 실시된 '캐슬 작전'(1954년)의 '유니언 실험'에서 발생한 핵폭발의 버섯구름. 발생한 에너지는 6.9메가톤이다. 사진 제공: LEONE/ullstein bild/지지통신 포토

화구에 따른 핵폭발의 분류

핵폭탄이 폭발하면 거대한 불 덩어리(화구: fire ball)가 생긴다. 폭발력이 클수록 당연히 큰 화구가 나타난다. 폭발력이 1킬로톤일 때는 화구의 반지름이 약 34 m, 10킬로톤일 때는 84 m, 100킬로톤일 때는 210 m, 1메가톤일 때는 530 m, 10메가톤일 때는 1,300 m 정도다. 하지만 주변의 밝기에 따라 화구의 크기는 다르게 보일 수 있다. 큰 폭탄일수록 폭발 후 화구가 형성되기까지의 시간이 더 걸린다. 20킬로톤은 약 1초, 1메가톤은 약 10초가 걸린다.

화구의 아랫부분이 지면과 접하지 않는 상태를 공중폭발, 지면에 접한다면 지상폭발이라고 한다. 화구의 아래쪽이 지면에 접해 있어도 폭심은 대개 공중에 있게 된다. 지하에서 폭발해도 화구가 지상으로 나오면 지상폭발이다. 지하폭발은 화구가 지상으로 나오지 않는 상태를 말한다.

지하 시설을 파괴하거나 전차부대를 격파하려는 게 아니라, 도시처럼 폭풍에 약한 표적을 파괴하려면 공중폭발이 효과적이다. 히로시마에 투하된 원자폭탄은 고도 600 m의 공중폭발이었으며 화구 지름은 약 200 m였다.

지상폭발은 지면에 강한 충격을 주어 크레이터를 만들고 지하시설을 파괴하지만, 지하철이나 지하도 등은 크레이터 반지름의 2~3배 정도 떨어져 있을 경우에는, 피해를 입지 않는 것으로 알려져 있다. 또한 지상폭발은 공중폭발에 비해 폭풍이나 열선이 미치는 범위가 좁지만, 토양의 방사능 오염은 더욱 심해진다.

그림 **핵폭발의 분류**

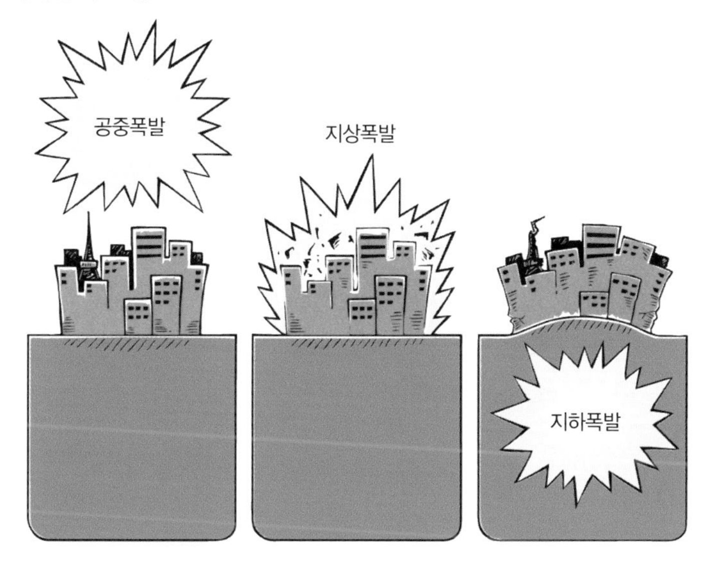

폭심이 공중에 있어도 화구가 지면에 닿는다면 지상폭발이다. 폭심이 지하에 있어도 화구가 지상으로 나오면 지상폭발로 분류한다.

히로시마에 투하된 원자폭탄은 15킬로톤이었다. 고도 600 m의 공중폭발이었고 화구의 지름은 200 m였다.

사진 제공: 지지통신

열선
– 1메가톤의 폭발력이면 8 km 거리에서도 재가 된다

화구는 당연히 강한 열선을 방사한다. 화구의 지속 시간과 열선이 방출되는 시간은 같기 때문에 폭발력이 20킬로톤이고 화구의 지속 시간이 1.5초라면, 열선의 방사 시간도 1.5초다. 폭발력이 10메가톤이고 화구의 지속 시간이 20초라면, 열선의 방사 시간도 20초다. 열에너지의 대부분은 이 지속 시간의 전반에 나온다. 열선에 노출되는 시간이 길수록 위험성은 증가한다.

폭심 부근에서는 순식간에 증발해버리고, 약간 떨어져 있더라도 재가 되어버린다. 더 떨어져 있는 곳에서는 심한 화상을 입고, 그보다 더 떨어져 있으면 피부가 붉게 그을려서 욱신욱신 아프게 된다. 강한 열선을 받으면 목조 건물 등의 가연성 물체들은 불타버린다. 그러나 건물은 불타기 전에 먼저 폭풍으로 쓰러질 것이다.

폭발력이 1메가톤이면 8 km 떨어져 있어도 노출된 피부가 까맣게 탄다. 10 km 떨어져 있어도 화상으로 물집이 잡힐 것이다. 피부가 노출되어 있지 않으면 입고 있는 옷에 따라 피해 정도는 달라진다. 하얀 옷보다 검은 옷이 더 불타기 쉽다. 그리고 털옷보다 면 소재의 옷이 더 불타기 쉽다. 또한 열선에 노출될 때 피부에 달라붙는 옷보다 약간 헐렁한 옷을 입을 경우 화상을 덜 입는다.

열선은 빛의 일종이므로 직진한다. 그래서 물체 뒤에 숨어 있으면 피해를 면할 수 있다. 태양열을 반사하도록 만들어진 도시 건물의 유리창은 핵폭발의 열선도 어느 정도 반사한다(하지만 얼마 지나지 않아 폭풍이 그 유리창을 깨뜨릴 것이다). 물체 뒤에 숨어 있어도 반사된 열선으로 인해 피해를 입을 가능성이 있다.

그래프 1 **폭발력에 따라 인간의 피부가 열선의 영향을 받는 거리**

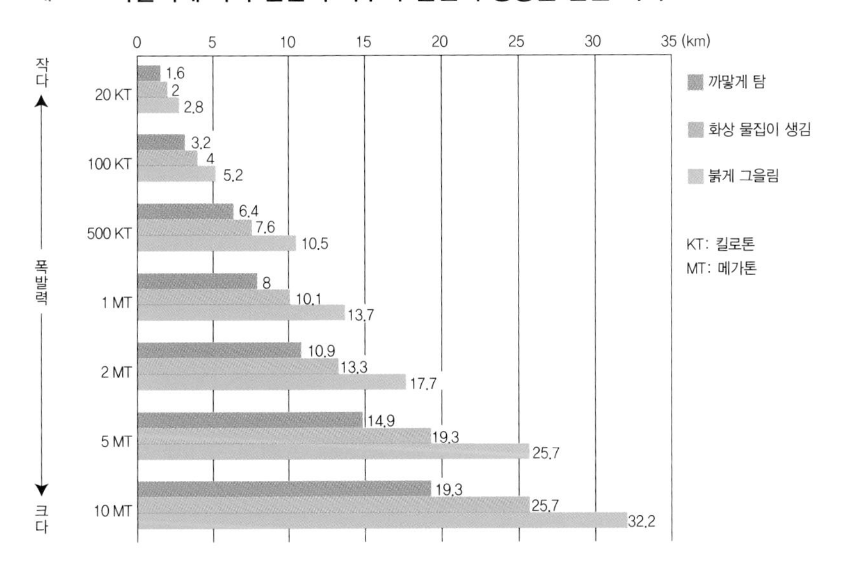

그래프 2 **핵폭발의 열선에 따라 화재가 발생하는 거리**

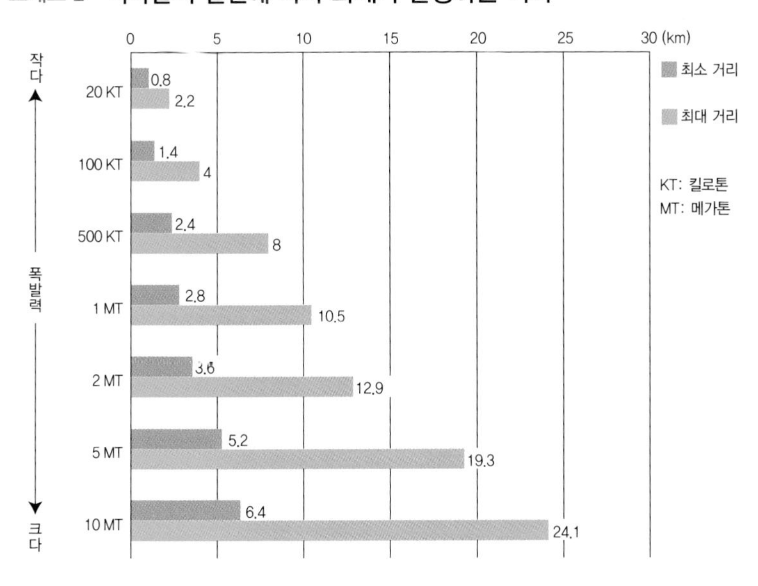

출처: 영국 내무부, 『핵무기와 그 방위 공학』(1979)

폭풍

– 1메가톤의 폭발력이면 2.4 km의 건물이 완파

핵폭발은 거대한 폭풍을 만들어낸다. 폭심 부근에서는 음속 이상의 속도이다. 폭풍의 최전면을 충격파면이라고 한다. 1메가톤의 경우 폭발 후 10초가 지나면 4.8 km, 50초가 지나면 19 km 지점에 도달한다. 초속 345 m의 속도다.

1메가톤의 핵폭발에 의한 폭풍은 2.4 km 이내의 건물을 완전히 파괴한다. 3 km 이내의 건물도 복구불가능한 피해를 입힌다. 8 km 이내의 건물에도 꽤 심한 손상을 준다. 이에 따라 건물 잔해로 인해 도로가 막혀 통행이 어려워질 수도 있다. 수십 km 떨어져 있으면 건물의 손해는 가벼워지지만, 그래도 유리창이 깨진다.

폭심에서 수십 km 떨어져 있으면 열선에 의한 화상은 여름 바닷가에서 하루 종일 피부를 태웠을 때와 비슷한 정도에 그친다. 일반 건물도 크게 파손되지는 않지만, 유리창은 심하게 깨진다.

넓은 유리창을 사용하는 건물은 폭심에서 꽤 멀리 떨어져 있어도 매우 위험하다. 현대의 도시가 핵 공격을 받았을 때 사람을 살상하는 가장 큰 위험 요소는 열선이나 방사능보다 깨져서 떨어지는 유리창이 아닐까 싶을 정도다.

번쩍 하고 빛나고 나서 폭풍이 몰려올 때까지 도망칠 수 있는 시간은 몇 초에서 수십 초밖에 안 된다. 조금이나마 낮은 곳, 튼튼한 물체 뒤에 숨어야 한다. 지하철이나 건물 지하로 대피하면 생존율이 비약적으로 높아진다. 시간에 여유가 없다면 유리창을 피해 엎드려야 한다.

그래프 1 **폭풍에 의해 일반 가정이 입는 손해의 정도와 거리**

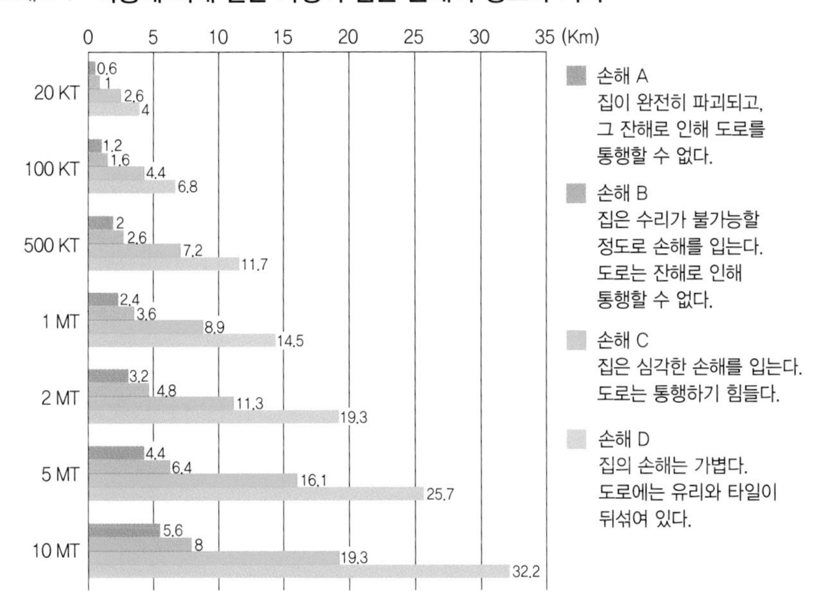

그래프 2 **폭풍에 의해 나무가 손해를 입는 거리**

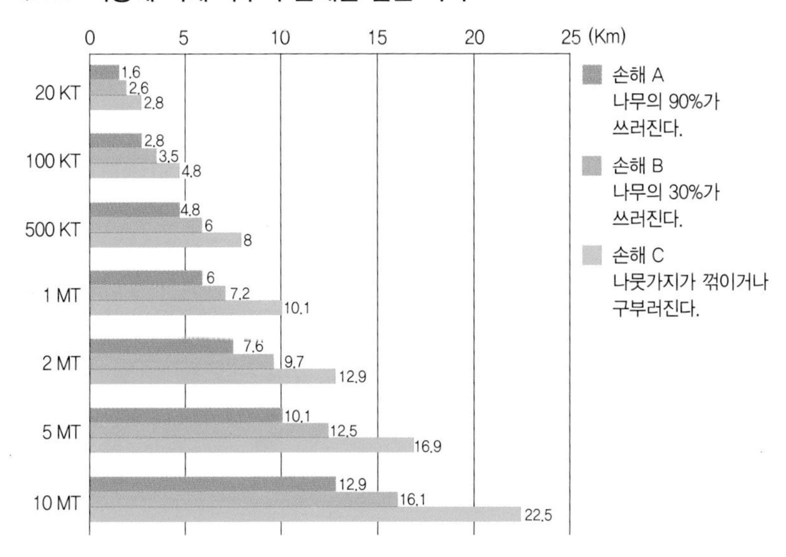

출처: 영국 내무부, 『핵무기와 그 방위 공학』(1979)

1차 방사선과 2차 방사선
– 1차 방사선에 대한 방호대책은 생각할 필요가 없다

화구는 강력한 방사선도 내뿜는다. 화구가 내뿜는 방사선을 1차 방사선 또는 초기 방사선이라고 한다. 이는 핵폭발 반응이 일어날 때 나오는 방사선이기 때문에 그것이 방사되는 시간은 화구가 보이는 시간과 거의 동일하다. 폭발력이 클수록 시간이 길어지지만 그 시간은 1분 이내다.

강렬한 방사선이라도 1차 방사선으로부터 살아남기 위해 특별히 해야 할 일은 따로 없다. 1메가톤의 핵폭발에 의한 방사선에 노출되었을 경우, 폭심에서 2.4 km 이내에 있던 사람의 사망률은 50%다. 그런데 이 정도 거리에서는 방사선보다도 분명히 열선으로 새까맣게 타버릴 것이고, 건물의 붕괴나 화재가 더 위험하다. 열선이나 폭풍으로부터 살아남을 수 있는 지하실이나 튼튼한 물체 뒤쪽으로 숨으면 1차 방사선도 자연스럽게 막을 수 있다.

열선이나 폭풍으로부터 살아남았다면 2차 방사선 혹은 잔류 방사선을 걱정해야 한다. 핵폭탄의 잔해들이 떨어지기도 하고, 폭풍으로 쓸려 올라갔던 먼지 등이 1차 방사선의 중성자를 흡수해서 방사능을 지닌 채 떨어진다.

열을 지닌 기체는 상승한다. 화구도 주변의 공기를 빨아들이면서 상승한다. 그러므로 공중폭발이 일어날 때에는 죽음의 재가 곧바로 떨어지지는 않는다. 그리고 공중에서 기류의 흐름에 따라 농도가 꽤 옅어진다. 그러나 지표폭발의 경우에는 공중폭발과 비교할 수 없을 만큼의 방사능 오염이 발생한다.

그래프 1 **오염을 발생시키는 핵폭발의 최저고도**

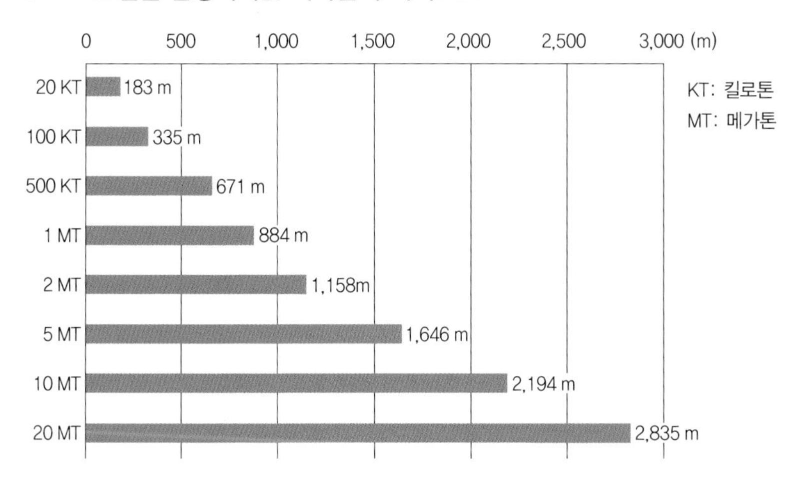

이 고도 이상이 되면 지상의 방사능 오염은 거의 일어나지 않는다. 죽음의 재가 바람에 날려올라가 확산되기 때문이다.

그래프 2 **실외에서 초기 방사선에 노출된 경우 LD50※의 거리**

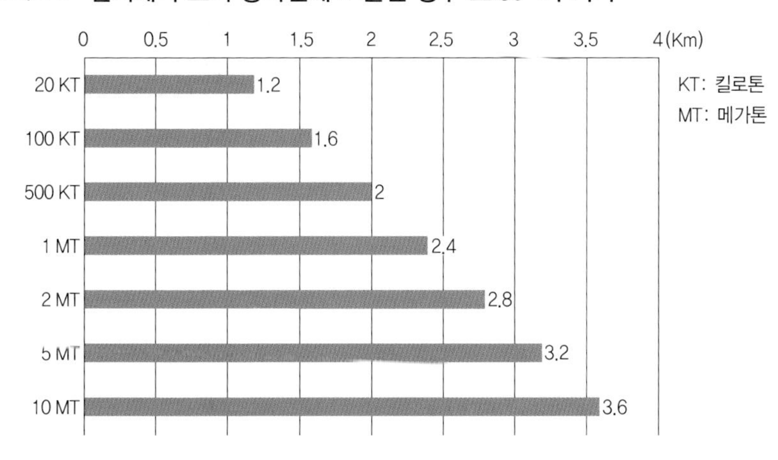

폭발력이 10MT일 때는 3.6 km 떨어진 곳에서 초기 방사선에 노출된 사람들 중 절반이 사망한다.

※ LD50은 '50% Lethal Dose'의 약자다. LD50은 '절반이 사망하는 양'이라는 뜻이다. 다만 생물의 방사선이나 독물에 대한 저항력은 개체 차이가 크므로, LD50의 두 배에 노출되어도 사망률이 100%가 되지 않는다.

출처: 영국 내무부, 『핵무기와 그 방어공학』(1979)

방사선이 인체에 미치는 영향
– 7시버트로 거의 100% 사망

방사선의 강도를 측정하는 단위는 여러 가지가 있는데, 인체가 받는 영향을 표시하는 단위로 시버트(Sv)를 사용한다. 이는 후쿠시마 제1원자력 발전소 사고를 통해 많은 사람들에게 잘 알려진 용어다. (역자 주: 시버트는 흡수선량(Gy)에 선질계수와 기타의 수정계수를 곱한 것으로 방사선이 인체에 미치는 영향을 나타내는 등가선량의 국제단위다.)

방사선을 측정하는 기능이 달린 스마트폰도 발매되었다. 그런데 인간은 방사선을 얼마나 쬐면 위험할까? 0.5 Sv에서는 자각증상이 없지만 일반적으로 백혈구가 감소한다. 1 Sv에서는 무기력감이 나타난다. 1~2 Sv에서 2시간, 3 Sv에서 1~2시간, 4 Sv에서 1시간 정도 머물면 구토증상이 나타난다. 또한 이 정도의 피폭량이면 60일 이내에 50%의 사람이 사망한다.

4~6 Sv에서는 3~8시간 이내에 설사가 시작되고, 7 Sv가 되면 1시간 이내에 심한 설사를 일으킨다. 7 Sv 이상을 피폭당하면 의식 불명에 빠지고 며칠 후에 거의 100% 사망한다. 6 Sv 이하라면 의식은 유지할 수 있지만 6 Sv를 넘으면 의식이 몽롱해진다. 15 Sv를 넘으면 신경계의 손상이 심해지고, 50 Sv이면 전신 경련을 일으켜 사망한다.

임신 중인 여성이 0.1 Sv에 노출되면 유산하거나 지체장애아를 낳을 위험성이 있다. 0.65~1.5 Sv에서는 일시적인 불임증이 되고, 2.5 Sv에서는 영구 불임이 된다.

그림 **대량의 방사선을 한꺼번에 쐬었을 때의 증상**

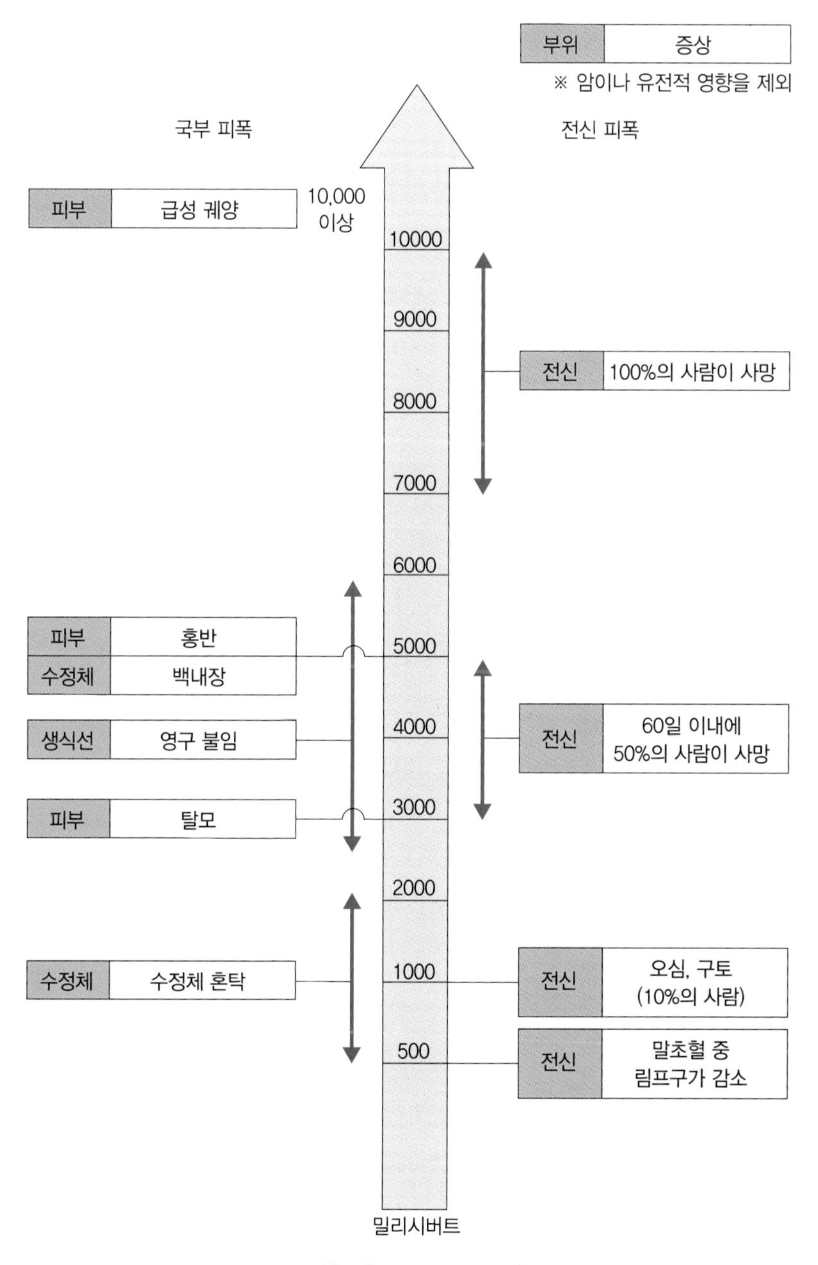

참고: 『ICRP Publication 60(국제 방사선 방호 위원회의 1990년 권고)』

낙진으로부터 살아남기
– 마스크를 쓰고 바람이 흘러가는 쪽으로 도망친다

핵폭발의 열선이나 폭풍에서 살아남았다면 일단 1차 방사선에서는 살아남았다는 뜻이다. 그다음으로 걱정해야 할 것은 낙진(fallout)이라는 죽음의 재, 다시 말해 방사성 낙하물이다. 폭풍으로 쓸려 올라갔던 방사성 물질은 지름 1 mm는 15분 정도, 20분의 1 mm의 알갱이는 20시간 안에 걸쳐 떨어진다. 낙진이 떨어지는 곳은 바람이 쏠리는 위치이기 때문에, 무조건 바람이 흘러가는 쪽을 향해 도망친다.

죽음의 재가 신체 표면에 붙는다고 해서 곧바로 목숨이 위험해지는 것은 아니다. 물로 씻어내면 괜찮다. 하지만 죽음의 재를 '들이마시거나 먹으면' 큰일이다. 몸속에 방사성 물질이 들어가면 24시간, 365일 방사선을 쐬게 되는 셈이다. 약한 방사선이라도 끊임없이 쐬는 것은 위험하다.

죽음의 재를 몸속에 들어오지 못하도록 하려면 우선 마스크를 써야 한다. 가능하면 농약 살포용 마스크 혹은 꽃가루 알러지 대책으로 나온 마스크가 좋다. 마스크가 없다면 손수건으로 코와 입을 막아서 되도록이면 들이마시지 않도록 해야 한다. 눈을 보호하기 위해 고글을 쓰는 것도 좋다.

물이나 음식도 외부 공기와 접했다면 먹지 않아야 한다. 캔 음식, 페트병에 든 음료수, 포장된 식품은 아무리 강한 방사선을 쐬었더라도 먹을 수 있다. 다만 실외에서 개봉할 때는 티끌이나 먼지가 음식에 붙지 않도록 조심해야 한다. 애초에 실외에서 음식을 먹는 것은 가능하면 피해야 한다.

집에 돌아오면 현관에서 옷을 벗고, 벗은 옷은 비닐봉지에 넣어 실외에 둔다. 절대 집 안으로 가지고 들어가서는 안 된다. 그리고 몸을 잘 씻는다. 머리카락 사이에 들어간 먼지는 특별히 신경 쓰고 씻어야 한다.

그림 **낙진으로부터 몸을 보호**

농약 살포용 또는 꽃가루 알러지 대책용 마스크, 비옷, 장갑은 방사선 자체를 차폐하는 힘은 없다. 그러나 폭풍이나 열선으로부터 살아남았다는 것은 치명적인 1차 방사선으로부터도 살아남았다는 뜻이다. 2차 방사선 대책으로 하강하는 방사성 물질을 체내에 들어오지 못하도록 하는 것이 중요하다. 값싼 비옷이나 장갑으로도 죽음의 재가 몸에 부착하는 것을 어느 정도 막을 수 있다.

방사선의 종류와 투과력

– 조심해야 할 것은 감마선과 중성자선

핵폭발에 의해 생겨나는 방사선은 알파(α)선, 베타(β)선, 감마(γ)선, 중성자선 등 네 종류다.

알파선은 양자 2개와 중성자 2개로 이루어졌고, 헬륨 원자에서 전자가 사라진 형태다. 물질에 대한 투과력은 약해서 공기 속을 몇 cm밖에 나아가지 못하고 종이 한 장도 투과할 수 없다. 전리 작용이 강하므로 위험하지만 마스크를 써서 먼지를 들이마시지 않으면 걱정할 필요는 없다.

베타선은 핵분열에 의해 붕괴한 원자의 전자가 날아오는 것으로, 몇 mm의 알루미늄판이나 1 cm 정도의 플라스틱판도 투과할 수 없다. 그러나 생물의 세포에 대한 전리 작용이 강해서, 대량으로 쬐면 피부에 화상을 입는다. 베타선도 들이마시지 않고 몸에 부착되지만 않는다면 지나치게 두려워할 필요가 없다.

감마선은 파장 1,000만분의 1 mm 정도의 전자파이며(전자레인지의 마이크로파는 파장이 12cm), 엑스레이 사진을 찍을 때 이용한다. 인체에 미치는 영향은 원래 알파선이나 베타선보다 약하지만, 투과력이 강해서 완전히 차폐하려면 두께 10 cm 정도의 납이 필요할 정도다. 먼지가 묻지 않게 하고 들이마시지 않아도, 멀리 떨어진 곳의 먼지가 방출하는 감마선은 인체에 해를 끼친다.

중성자선은 더욱 투과력이 강해서, 어디에 숨어도 차폐물을 투과해버린다. 다행히 물에서는 감쇠된다. 콘크리트는 물을 함유하고 있고, 흙도 물을 함유한다. 그러므로 지하실에 있으면 중성자선으로부터 몸을 보호할 수 있다.

표 **방사선의 종류**

알파(α)선	양자 2개와 중성자 2개로 이루어진 입자가 날아간다.
베타(β)선	전자가 날아간다.
감마(γ)선	파장 1,000만분의 1mm 정도의 전자파
중성자선	중성자가 날아간다.

그림 **각종 방사선의 투과력**

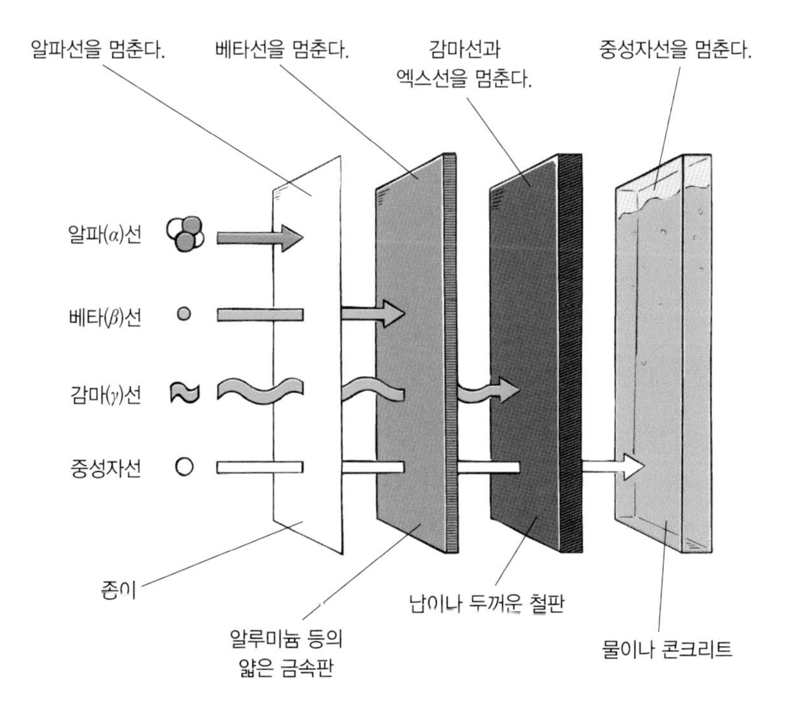

방사선의 차폐와 감쇠

– 감마선은 두께 8 cm의 흙에서 절반으로 약해진다

도시를 파괴하려면 공중폭발이 효과적이므로 대부분 공중폭발을 선택한다. 공중폭발을 하면 낙진도 그다지 심각하지 않다. 164쪽에서처럼 마스크를 쓰고 지상을 걸어서 피난하면 별 문제가 없다. 그러나 지상폭발은 무시무시한 오염을 일으킨다. 지상을 걸어 멀리 도망치기보다 일단 지하로 내려가서 방사능이 약해지기를 기다리는 편이 좋은 경우도 있다.

두께 8.4 cm의 흙은 감마선을 절반으로 약하게 만든다. 그 두 배 두께인 16.8 cm의 흙은 감마선을 4분의 1로 약하게 만든다. 그 세 배 두께인 25.2 cm의 흙은 감마선을 8분의 1로 약하게 만든다. 도시의 지하도나 지하철 구내는(문이 없으면 낙진이 바람에 날려 들어올 수 있다는 위험성이 있지만) 몸을 보호할 수 있는 매우 좋은 공간이다.

방사능은 시간이 지날수록 약해진다. 방사능의 강도가 절반이 되는 반감기(half period)는 그 방사성 물질의 종류에 따라 길어지기도 하고 짧아지기도 한다. 대략적으로 말하면 경과 시간이 7배가 되면 방사능은 10분의 1이 된다. 즉 폭발 7분 후의 방사능은 1분 후의 방사능의 10분의 1이다. 7 × 7 = 49분 후의 방사능은 100분의 1이다.

그러나 '10분의 1이나 100분의 1이 되었다'고는 해도 '구체적으로 몇 시버트가 되었는지'는 알 수 없다. 역시 기계로 계측해보는 수밖에 없다. 히로시마와 나가사키의 원자폭탄, 후쿠시마의 원자력 발전소 사고를 경험한 일본인이라면 선량계를 하나쯤 마련해두는 게 좋을 듯하다.

그래프 **잔류 방사선을 반감시키는 각종 재료의 두께**

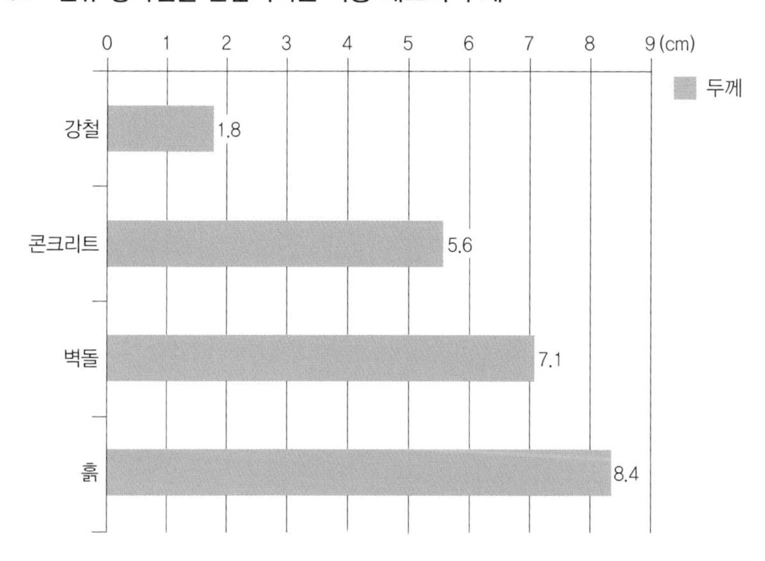

여러 가지 선량계가 시판되어 있다. 알람이 1분 동안 울리는 횟수로 위험도를 알 수 있는 열쇠고리 모양의 방사선 경보장치도 있고, 선량을 수치로 계측할 수 있는 장치도 있다.

가정용 간이 핵 대피소
– 직격당하지 않으면 가정의 지하실에서도 생존 가능

스위스나 스웨덴은 국민 전원이 피난할 수 있는 핵 대피소를 갖춘 것으로 알려져 있다. 스위스에서는 집을 지을 때 반드시 핵 대피소로 활용할 지하실을 마련한다(소련 붕괴 후에는 '반드시'라고 말할 수 있을 정도는 아니다).

92쪽에서 말했듯이, 핵탄두가 지표에서 폭발하면 크레이터가 생긴다. 이 정도의 깊이라면 얕은 지하실은 파괴될 것이다. 하지만 도시는 대부분 공중 폭발로 공격한다. 히로시마 원자폭탄 폭발의 예에서도 폭심에서 500 m 이내에서도 지하실이나 튼튼한 건물에 있던 사람들은 살아남았다. 지상의 건물이 휩쓸려 날아갈 듯한 폭풍이 일어나도 지하에 있으면 괜찮고, 흙이나 콘크리트가 방사선을 감쇠시켜주기도 한다.

50cm의 흙은 방사선의 강도를 64분의 1로 줄여준다. 마당에 구덩이를 파서 콘크리트로 벽을 쌓고, 지붕을 두께 2 cm의 철판과 두께 6 cm의 콘크리트로 덮고, 그 위에 1 m의 흙더미를 덮으면, 약 8,200분의 1로 줄어든다.

아주 간단한 대피소를 만드는 방법으로 화물 컨테이너나 정화조를 땅에 묻는 방법도 있다. 일반적인 공기 청정기의 필터를 환기팬으로 이용해서 티끌과 먼지를 들이마시지 않도록 외부 공기를 거른다. 동력은 외부에 설치한 태양전지패널이 좋을 것이다. 페달을 밟아 전기를 생산하는 발전기도 괜찮다.

물이나 음식은 페트병이나 캔에 든 것만 먹는다. 1회용 식품이나 비스켓 등을 평소에 저장해둔다. 화장실도 따로 설치하면 좋겠지만, 휴대용 화장실을 이용하는 것도 괜찮다.

그림 **간이 핵 대피소의 개요**

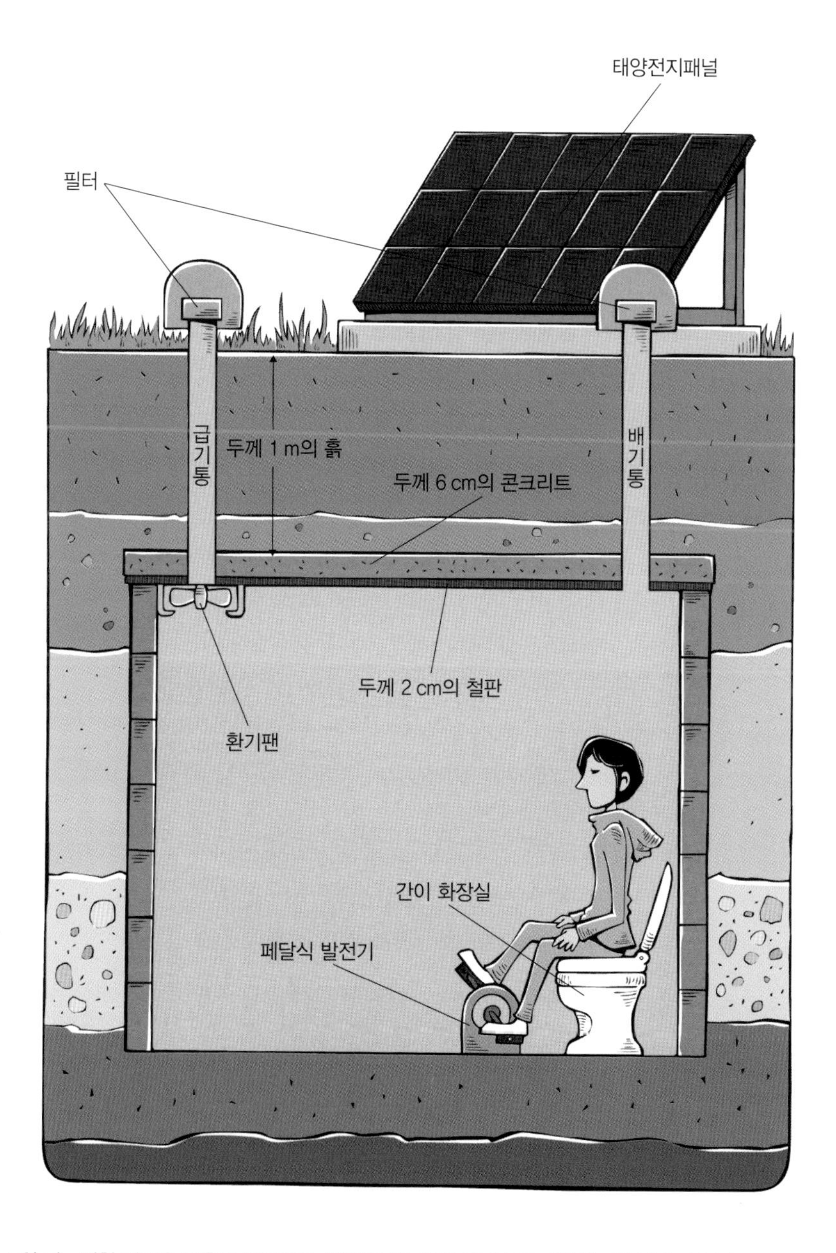

스위스는 대형 건물을 건축할 경우에도 기본적으로 지하 대피소를 마련하도록 정해져 있다.

COLUMN 8

콜드 런치와 핫 런치

콜드 런치(cold launch)와 **핫 런치**(hot launch)란?

탄도미사일을 지하 발사대에서 발사할 때, 미사일에 점화해서 발사하는 것을 핫 런치라고 한다. 굉장한 불꽃이 나오기 때문에 좁은 발사대 안은 심하게 손상된다.

그래서 압축 공기 등을 사용해서 미사일을 공중으로 밀어올린 다음, 공중에서 점화하는 방식을 사용한다. 이를 콜드 런치라고 하며, 발사대를 수리하지 않고도 재사용할 수 있다. 또한 잠수함 발사 탄도미사일(SLBM)은 당연히 콜드 런치 방법을 사용한다. 대전차 미사일 같은 작은 미사일 중에도 콜드 런치를 활용하는 것을 흔히 볼 수 있다. 미국의 FGM-148 재블린 등이 콜드 런치를 활용한다.

미군의 대전차 미사일인 FGM-148 재블린을 발사하는 순간. 사진 제공: 미국 육군

제 9 장

세계의 미사일

Missiles of the World

러시아의 지대공 미사일 부크. 우크라이나 상공에서 말레이시아 여객기를 격추한 것으로 알려져 있다.

세계의 주요 대륙간 탄도미사일(ICBM)

보유국	명칭	전체 길이(m)	지름(m)	중량(t)	사정거리(km)	탄두
미국	미니트맨 III	18.2	1.9	34.5	13,000	350KT × 3
러시아	SS-11(RS-10)	19.0	2.0	50.1	13,000	1MT × 3
	SS-13(RS-12)	21.7	1.8	51.0	9,400	750KT × 1
	SS-17(RS-16)	23.9	2.3	71.0	11,000	3.6MT × 4
	SS-18(RS-20)	36.5	3.0	211.1	13,000	20MT × 10
	SS-19(RS-18)	27.0	2.5	105.0	10,000	5MT × 6
	SS-24(S-22)	23.8	2.4	104.5	10,000	500KT × 10
	SS-25(RS-12M)	21.5	1.8	45.1	10,500	550KT × 1
중국	DF-5	32.6	3.4	183.0	13,000	5MT × 1
	DF-31	13.4	2.2	17.0	8,000	90KT × 3
	DF-41	17.5	2.2	20.0	12,000	200KT × 6

KT: 킬로톤, MT: 메가톤

※ 데이터는 『미사일 사전(ミサイル事典)』(1995)을 참고했다.

미국의 ICBM LGM-30 미니트맨 III. 캘리포니아 주의 반덴버그 공군 기지에서 실시된 시험 발사.

사진 제공: 미국 공군

세계의 주요 중거리 탄도미사일(IRBM)

보유국※1	명칭	전체 길이(m)	지름(m)	중량(t)	사정거리(km)	탄두
중국	DF-3	24.0	2.3	64.0	2,800	3MT × 1
	DF-4	28.0	2.3	82.0	4,750	2MT × 1
	DF-15	10.0	1.4	6.0	600	90KT × 1
	DF-21	10.1	1.4	14.7	1,800	250KT × 1
이스라엘	예리코 2	14.0	1.6	29.0	1,500	?
인도	아그니	21.0	1.3	16.0	2,500	?
북한	무수단	12.5	1.5	12.0	4,000	?
	노동	15.5	1.3	21.0	1,000	?
이란	샤하브 3	16?	1.3?	?	2,000?	핵?/HE※2
파키스탄	하트프 6 (샤힌 2)	16?	1.3?	?	2,000?	핵?/HE

KT: 킬로톤, MT: 메가톤

※1 미국과 러시아는 INF 조약(중거리 핵전력 전폐 조약)에 의해 IRBM을 보유하지 않는다.

※2 HE는 고폭탄

파키스탄의 IRBM 하트프 6(샤힌 2). 사정거리는 2,000 km로 여겨진다.

사진 제공: AFT = 지지통신

세계의 주요 단거리 탄도미사일(SRBM)

보유국	명칭	전체 길이(m)	지름 (cm)	중량(t)	사정거리 (km)	탄두
러시아	이스칸데르	7.3	92	3.8	400	클러스터 등 여러 종류
	스커드 D(R-11)	12.3	88	6.5	300	핵/HE
	FROG-7	9.4	54	2.3	65	핵/HE
	SS-21(OTR-21)	6.4	65	2.0	70	핵/HE
중국	DF-11	7.5	80	3.8	280	90 KT
	SY-400	4.8	40	0.6	200	클러스터 등 여러 종류
	DF-15	6.0	100	6.2	600	90 KT
파키스탄	샤힌 1	13.0	110	9.0	600	?
	하트프 1	6.0	56	1.5	80	?
	하트프 2	9.8	56	3.0	300	?
이스라엘	예리코 1	13.4	80	6.7	480	핵?
인도	프리트비	8.6	90	4.4	250	500 kgHE

KT: 킬로톤

중국의 SY-400 단거리 탄도미사일. 한국은 러시아의 이스칸데르 미사일을 복제했다고 여겨지는 현무 2를 보유하고 있다. 또한 이란은 중국의 대공 미사일 홍전(紅箭) 2를 토대로 한 M-7 지대지 미사일을 운용하고 있다.

세계의 주요 잠수함 발사 탄도미사일(SLBM)

보유국	명칭	전체 길이(m)	지름(m)	중량(t)	사정거리 (km)	탄두
미국	UGM-113 트라이던트 D5	13.4	2.11	59.0	12,000	100KT × 8
러시아	SS-N-8(R-29)	14.2	1.80	33.3	9,100	800KT × 2
	SS-N-18(R-29R)	15.6	1.80	35.3	8,000	100KT × 3
	SS-N-20(R-39)	18.0	2.40	84.0	8,300	100KT × 10
	SS-N-23(R-29RM)	16.8	1.90	40.3	8,300	100KT × 4
중국	JL-1	10.7	1.40	14.7	1,700	250KT × 1
	JL-2	13.0	2.25	42.0	8,000	100KT × 10?
프랑스	MSBS(M-5)	12.0	2.30	11.0	11,000	100KT × 10
영국※	트라이던트 D5	13.4	2.11	59.0	12,000	100KT × 6
인도	K-15 사가리카	12.0	1.30	17.0	3,500	핵

KT: 킬로톤

※ 영국은 미국제 트라이던트 D5를 사용하지만, 탄두는 영국제다.

2014년 6월 2일에 태평양에서 오하이오급 전략 원자력 잠수함 '웨스트 버지니아'가 잠수함 발사 탄도미사일 트라이던트 II(트라이던트 D5)를 발사하고 있다.

사진 제공: 미국 해군

세계의 주요 순항 미사일

보유국	명칭	전제 길이(m)	지름 (cm)	중량 (kg)	사정거리 (km)	발사 모체	탄두
미국	BGM-109A 토마호크	6.25	52	1,452	2,500	수상함/잠수함	200KT
	BGM-109B 토마호크	6.25	52	1,452	450	수상함/잠수함	454KT
	BGM-109C 토마호크	6.25	52	1,452	1,300	수상함/잠수함	454KT
	BGM-109D 토마호크	6.25	52	1,452	1,300	수상함/잠수함	클러스터
	AGM-86B	6.32	69	1,458	2,500	항공기	200KT/통상
	AGM-86C	6.32	69	1,500	2,000	항공기	450KT/통상
	AGM-129	6.35	64	1,250	3,000	항공기	150KT/통상
러시아	SS-N-21(3K10)	8.09	51	1,700	3,000	잠수함	200KT
	AS-15(Kh55)	8.09	51	1,700	3,000	항공기	200KT
	Rk-55	8.09	51	1,700	3,000	차량	200KT
프랑스	ASMP	5.40	35	840	300	항공기	300KT

KT: 킬로톤

※한국은 '천룡', '현무 Ⅲ' 등의 순항 미사일을 보유하고 있지만, 상세한 것은 불명.

※파키스탄은 '하프트 7', '하프트 8' 등의 순항 미사일을 보유하고 있지만, 상세한 것은 불명.

※이란은 '사에게'(사정거리 250 km?) 등의 순항 미사일을 보유하지만, 상세한 것은 불명.

※이스라엘은 잠수함에서 발사하는 순항 미사일을 보유하고 있지만, 상세한 것은 불명.

순항 미사일 토마호크와 나란히 비행하는 전투기 F-14 톰캣. 탄도미사일에 비하면 순항 미사일은 비행 속도가 느리다. 사진 제공: 미국 해군

세계의 주요 공대공 미사일

보유국	명칭	전체 길이(m)	지름 (cm)	중량 (kg)	사정거리 (km)	유도방식
미국	A-54 피닉스	4.01	38.1	453	200	SARH※1
	AIM7P 스패로	3.66	20.3	230	45	지령, SARH
	AIM-120 AMRAAM	3.65	17.8	157	50	지령, 관성, AR※2
	AIM-9M 사이드와인더	2.87	12.7	87	8	IR※3
러시아	R-33	4.25	38.0	490	120	지령, 관성, SARH
	R-27ER	4.70	26.0	350	75	지령, 관성, SARH
	R-27T	3.70	23.0	254	40	지령, 관성, IR
	R-55	2.50	20.0	83	6	빔 라이딩
	R-23T	4.46	20.0	223	25	IR
	K9	4.50	24.0	580	20	SARH
프랑스	R-60	2.10	13.0	65	10	IR
	R530	3.28	26.0	192	18	IR, SAR
	MICA	3.10	16.0	110	60	관성, RH
	슈퍼530	3.54	26.0	245	24	SARH
일본	90식 공대공 유도탄	3.10	12.7	91	5	IR
	99식 공대공 유도탄	3.70	20.0	220	50?	AR
이탈리아	아스피데	3.71	20.4	220	92	SARH
이스라엘	샤프리르	2.60	16.0	93	3	IR
	파이손 3	3.00	16.0	120	5	IR
	파이손 4	3.00	16.0	105	15	IR
브라질	MAA-1 피라냐	2.67	15.2	86	6	IR

※1 SARH: 세미액티브 레이다 호밍 ※2 AR: 액티브 레이다 호밍 ※3 IR: 적외선 호밍

러시아의 공대공 미사일(AAM). 왼쪽부터 R-27T, R-27ER, R-27ET.

세계의 주요 지대공 미사일

보유국	명칭	진체 길이 (m)	지름 (cm)	중량 (kg)	사정거리 (km)	사격 높이 (km)
미국	MIM-104 패트리엇	5.18	41.0	700.0	160	24
	MIM-23 호크	5.08	37.0	627.0	40	18
	M48 샤퍼랠	2.91	12.7	86.0	9	3
러시아	SA-19(9M311)	2.56	15.2	57.0	8	3.5
	SA-17(9M317)	5.50	40.0	710.0	50	25
	SA-15(9M331)	2.85	35.0	165.0	12	6
	SA-13(9M37)	2.20	12.0	39.5	6	3.5
	SA-11(9K37)	5.50	40.0	690.0	32	22
	SA-10(S-300)	7.00	45.0	1,480.0	100	30
	SA-5(S-200)	10.5	86.0	2,800.0	160	20
	SA-3(S-125)	6.10	55.0	946.0	22	12
영국	레이피어	2.24	13.3	42.6	7	3
	타이거캣	1.48	19.1	62.7	5	4
프랑스	크로탈	2.89	15.0	84.0	10	5.5
	아스터 15	4.20	18.0	310.0	30	10
	아스터 30	5.20	18.0	450.0	120	20
중국	HQ-61(홍기 61)	3.40	29.0	300.0	10	8
	HQ-12(홍기 12)	5.60	40.0	900.0	42	25
일본	81식 단SAM	2.70	16.0	100.0	7	3
	03식 중SAM	4.90	32.0	570.0	50?	25?
스웨덴	RBS23	2.60	21.0	26.5	15	3
	RBS70	1.32	10.5	16.0	7	3
이스라엘	바라크 1	2.16	17.0	28.0	12	5.5
인도	트리슐	3.10	20.0	130.0	9?	5?
타이완	천궁 1	5.30	41.0	900.0	60	20
	천궁 2	9.10	57.0	1,100.0	100	20

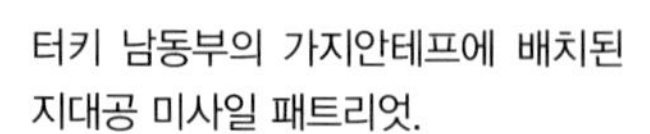

터키 남동부의 가지안테프에 배치된 지대공 미사일 패트리엇.

사진 제공: 미국 공군

세계의 주요 공대지 미사일

보유국	명칭	전체 길이(m)	지름(cm)	중량(kg)	사정거리(km)
미국	AGM-12 불펍	3.20	30.5	258	7
	AGM-65 매버릭	2.49	30.5	307	40
	AGM-84 슬램	4.50	34.0	623	93
	AGM-123 스키퍼	4.30	36.0	582	25
	AGM-137 TSSAM	4.26	※1	900	185
	AGM-154 JSOW	4.26	34.0	484	74
	AGM-158 JASSM	3.80	※2	1,050	290
러시아	AS-4(Kh-22)	11.65	92.0	5,900	550
	AS-6(Kh-26)	10.56	92.0	5,950	400
	AS-7(Kh-23)	3.60	27.5	278	10
	AS-10(Kh-25)	4.04	27.5	300	20
	AS-13(Kh-59)	5.37	38.0	930	200
	AS-14(Kh-29)	3.87	38.0	670	30
	AS-16(Kh-15)	4.78	45.5	1,200	150
	AS-17(Kh-31)	4.70	36.0	600	150
	AS-18(Kh-59M)	5.85	42.5	875	60
영국	PGM-500	3.60	35.0	300	30
프랑스	APCHE	5.10	※3	1,230	140
	AS.30L	3.65	34.2	520	12
이스라엘	팝아이	4.83	53.3	1,360	80

※1 동체 형상은 보트 모양　※2 동체 형상은 보트 모양　※3 동체 단면은 각져 있으며 너비는 63 cm.

공대지 미사일 AGM-65 매버릭을 발사하는 A-10 선더볼트 II.

사진 제공: 미국 공군

세계의 주요 공대함 미사일

보유국	명칭	전체 길이(m)	지름(cm)	중량(kg)	사정거리(km)
미국	AGM-84 하푼	4.44	34.3	635	315
러시아	AS-20(Kh-35)	3.75	42.0	480	130
	Kh-41	9.75	76.0	4,500	250
영국	시 이글	4.14	40.0	600	110
	시 스쿠아	2.50	25.0	147	15
프랑스	AM39 엑조세	4.69	34.8	655	70
	AS.15TT	2.16	18.4	96	15
	ANF	5.78	35.0	920	180
중국	HY-1	5.80	76.0	2,300	85
	HY-2	7.36	76.0	3,000	95
	HY-4(C-201)	7.36	76.0	1,740	135
	YJ-1(C-801)	4.65	36.0	655	50
	YJ-2(C-802)	5.30	36.0	555	130
	YJ-6(C-601)	7.36	76.0	2,440	95
	YJ-16(C-101)	5.80	54.0	1,500	45
일본	93식 공대함 유도탄	4.00	35.0	530	150
이탈리아	마르테 Mk2	4.70	20.6	300	25
노르웨이	NSM	3.95	70.0※	344	185
스웨덴	RBS-15F	4.33	50.0	800	250

※ 날개를 접었을 때의 너비. 동체는 원형이 아니다.

러시아의 폭격기 Tu-22M의 날개 아래에 장착할 수 있는 공대지/함 미사일 AS-6.

세계의 주요 함대함 미사일

보유국	명칭	전체 길이(m)	지름(cm)	중량(kg)	사정거리(km)
미국	RGM-84 하푼	4.64	34.3	682	140
러시아	SS-N-7(P-70)	6.50	78.0	2,700	80
	SS-N-9(P-50)	8.84	76.0	3,300	110
	SS-N-12(P-500)	11.70	88.0	4,800	550
	SS-N-19(P-700)	10.50	88.0	6,980	550
	SS-N-22(P-270)	9.75	76.0	4,500	250
	SS-N-25(Kh-35)	4.40	42.0	603	130
	SS-N-26(P-800)	8.90	70.0	3,900	300
	SS-N-27(3M54E)	8.22	54.0	2,300	220
프랑스	MM38 엑조세	5.20	35.0	750	42
영국	시 스쿠아	2.50	25.0	147	15
중국	FL-1	6.42	76.0	2,000	40
	FL-2	6.00	54.0	1,550	50
	YJ-1(C-801)	5.81	36.0	815	40
	YJ-2(C-802)	6.39	36.0	715	120
	YJ-16(C-101)	6.50	54.0	1,850	45
일본	90식 함대함 유도탄	5.10	35.0	660	150
이탈리아	오토마트	4.80	46.0	770	180
노르웨이	펭귄	2.96	28.0	385	28

타이콘데로가급 미사일 순양함 '샤일로'에서 발사되는 함대함 미사일 RGM-84 하푼.

사진 제공: 미국 해군

세계의 주요 함대공 미사일

보유국	명칭	전체 길이 (m)	지름 (cm)	중량 (kg)	사정거리 (km)	사격 높이 (km)
미국	IMR-161 스탠더드	7.90	46.0	1,341	160	20.0
	RIM-7 시 스패로	3.68	20.3	228	26	15.0?
러시아	SA-N-1(S-125)	6.10	55.0	639	22	12.0
	SA-N-3(M-11)	3.80	20.0	227	15	12.0
	SA-N-4(9K33)	3.15	21.0	130	12	10.0
	SA-N-6(S-300)	7.25	45.0	1,500	90	30.0
	SA-N-7(9K37)	5.55	40.0	690	32	22.0
	SA-N-9(9M311)	2.85	35.0	165	12	6.0
	SA-N-11(9M311)	2.56	76.0	43	8	3.5
	SA-N-12(9K40)	5.53	40.0	720	50	25.0
중국	HQ-7(FM-80)	3.00	20.0	85	12	6.0
	HQ-15	러시아 S-300을 복제				
	HQ-61	3.99	29.0	20	12	8.0
영국	시 다트	4.36	42.0	550	40	25.0
	시 스쿠아	6.10	41.0	1,819	40	23.0
	시 울프	2.00	18.0	80	5	6.5
	시 캣	1.48	19.1	303	5	5.0
프랑스	마주르카	8.60	40.6	950	55	?
	아스터 15	2.60	32.0	310	30	10.0
	크로탈	2.90	15.0	83	13	15.0
	미스트랄	1.86	9.2	19	6	3.0?
이탈리아	아스피데	3.71	20.4	220	15	7.0?
이스라엘	바라크 1	2.16	17.0	98	12	6.0?
인도	아카시	5.80	34.0	650	27	22.0

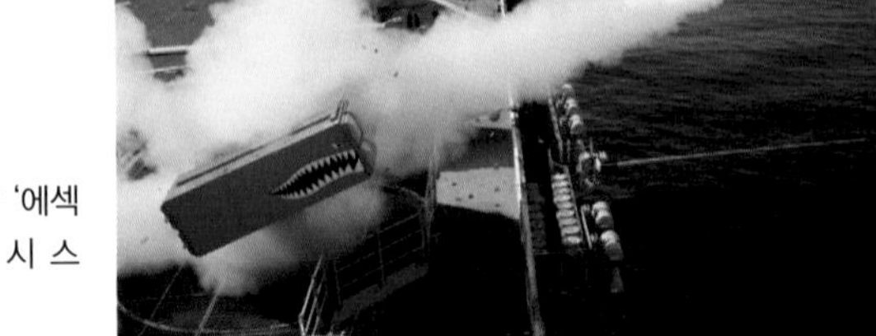

와스프급 강습양륙함 '에섹스'의 함대공 미사일 시 스패로.

사진 제공: 미국 해군

세계의 주요 지대함 미사일

보유국	명칭	전체 길이(m)	지름(cm)	중량(kg)	사정거리(km)
일본	88식 지대함 유도탄	5.10	35	660	150?
	12식 지대함 유도탄	5.10?	35	700	200?
중국	HY-3(C-301)	9.85	76	4,900	130
	HY-4(C-201)	7.36	76	1,950	135
러시아	SS-N-3A(P-35)	9.45	90	4,200	350
	SS-N-2(P-15M)	5.80	75	2,573	80
	P-800	8.90※1	70※1	300	300
노르웨이	NSM	4.20	70※2	412	185
스웨덴	RBS-15K	4.33	50	800	250

※1 발사함에 넣었을 때의 치수

※2 날개를 접었을 때의 너비. 동체는 원형이 아니다.

일본 육상자위대의 12식 지대함 미사일.

세계의 주요 대잠수함 미사일

보유국	명칭	전체 길이(m)	지름(cm)	중량(kg)	사정거리(km)
미국	RUM-139 VL-아스록	4.90	35.8	635.0	14+11
	RUR-5 아스록	4.57	33.7	435.0	9
러시아	SS-N-14(RPK-3)	7.20	55.0	3,700.0	55
	SS-N-16(RPK-6)	8.17	53.0	2,445.0	50
	SS-N-29(RPK-9)	5.35	40.0	750.0	20
	RPK-8	1.83	21.2	112.5	4.3
프랑스	MILAS	5.80	46.0	820.0	50

대잠수함 미사일을 발사하는 알레이 버크급 미사일 구축함 '머스틴'. 대잠수함 미사일은 머리 부분에 단어뢰를 장착한 로켓이다. 수상 함정, 항공기, 잠수함에서 발사하여 표적 근처까지 다가가 어뢰를 분리해서 바닷속으로 투사한다. 투사된 어뢰는 잠수함의 스크루 소리에 대해 수동식 호밍(homing)을 하거나, 스스로 탐지음을 내서 잠수함을 향해 나아간다. 사진 제공: 미국 해군

세계의 주요 대전차 미사일

보유국	명칭	전체 길이(cm)	지름(cm)	중량(kg)	사정거리(m)
일본	87식 중MAT	157.0	15.2	33.0	4,000
	중거리 다목적 유도탄	140.0	14.0	26.0	4,000?
	96식 다목적 유도탄	200.0	18.0	60.0	8,000?
미국	AGM-114 헬파이어	163.0	17.8	45.7	8,000
	BGM-71 TOW	117.0	15.2	18.9	3,750
	FGM-77 드래건	74.0	25.0	10.9	1,000
	재블린	110.0	12.7	11.8	2,000
러시아	AT-3(9M14)	86.0	12.5	10.9	3,000
	AT-4(9K111)	91.0	12.0	11.5	2,500
	AT-6(9K114)	183.0	13.0	35.0	5,000
	AT-8(9K112)	120.0	12.5	25.0	4,000
영국	스윙파이어	107.0	17.0	27.0	4,000
	비질란트	107.0	13.0	14.0	1,600
프랑스	HOT	128.0	13.6	22.5	4,000
	밀란	77.0	11.5	6.7	2,000
	트리가트 LR	150.0	15.0	47.0	4,500
	에릭스	92.5	16.6	11.5	600
중국	홍전-73	84.0	12.0	11.3	3,000
	홍전-8	157.0	12.0	25.0	4,000
이스라엘	님로드	260.0	17.0	98.0	26,000

중국의 홍전(紅箭) 8 대전차 미사일.

참고문헌

오쓰 하지메 저, 『미사일 사전』(1995)
오쓰 하지메 저, 『미사일 전서』(2004)
오쓰 하지메 저, 『미사일 방어의 기초 지식』(2002)
구보타 나미노스케 저, 『아주 쉬운 미사일 책』(2004)
방위 기술 저널 편집부, 『미사일 기술의 모든 것』(2006)
가네다 히데아키 저, 『탄도미사일 방위 입문』(2003)
노세 노부유키 저, 『탄도미사일이 일본을 덮친다』(2013)
영국 내무부,『핵무기와 그 방위 공학』(1979)
다카다 준 저, 『핵폭발 재해』(2007)
야마다 가쓰야 저, 『원자폭탄』(1996)
야마다 가쓰야 저, 『핵무기의 구조』(2004)
사쿠라이 히로시 저, 『원소 111의 신지식』(2013)
모리나가 하루히코 저, 『방사능을 생각한다』(1984)
다다 쇼 저, 『밀리터리 테크놀로지의 물리학 〈핵무기〉』(2015)

현대전의 핵심 미사일의 과학

지은이 | 가노 요시노리
옮긴이 | 권재상
펴낸이 | 조승식
펴낸곳 | (주)도서출판 북스힐

등록 | 제22-457호
주소 | 01043 서울 강북구 한천로 153길 17
(수유2동 240-225)
홈페이지 | www.bookshill.com
전자우편 | bookswin@unitel.co.kr
전화 | 02-994-0071
팩스 | 02-994-0073

2017년 4월 10일 1판 1쇄 인쇄
2017년 4월 15일 1판 1쇄 발행

값 12,000원
ISBN 979-11-5971-025-4
978-89-5526-729-7(세트)

* 잘못된 책은 구입하신 서점에서 바꿔 드립니다.